PROMENADES

DANS

L'EXPOSITION

UNIVERSELLE

DE 1855

PALAIS DE L'INDUSTRIE ET ANNEXES

PAR L'AUTEUR DE

WALK THROUGH THE EXHIBITION

PARIS

JOEL CHERBULIEZ, ÉDITEUR

10, RUE DE LA MONNAIE

A GENÈVE, MÊME MAISON

1855

PROMENADES

DANS

L'EXPOSITION

Paris. — De Soye et Bouchet, imprimeurs, place du Panthéon, 2

PROMENADES

DANS

L'EXPOSITION

UNIVERSELLE

DE 1855

PAR L'AUTEUR DE

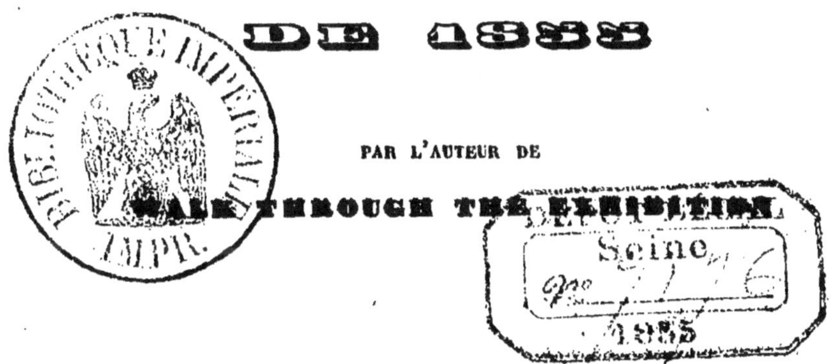

PARIS

JOEL CHERBULIEZ, ÉDITEUR

10, RUE DE LA MONNAIE

A GENÈVE, MÊME MAISON

1855

INTRODUCTION

L'idée des expositions universelles est française.

Le ministre François de Neufchâteau fut le premier qui la mit sérieusement à exécution. La première exposition eut lieu en l'an VI (1798). Elle réunit 110 exposants seulement qui ne furent dus qu'aux départements de la Seine, Seine-et-Oise et Seine-et-Marne. Ce fut plutôt une fête au Champ-de-Mars qu'une exposition réelle. Elle dura trois jours.

La deuxième eut lieu en l'an IX (1801). Elle eut 220 exposants et dura 5 jours. On y distribua 12 médailles d'or, 20 d'argent, 30 de bronze. Les progrès y furent notables. Jacquart y exposa sa machine.

La troisième, an X. On exposa au Louvre : 540 exposants, 254 récompenses.

1806 vit la quatrième : 1422 exposants et 610 récompenses ; — 1819, la cinquième : 1660 exposants, 800 récompenses ; — 1823, la sixième : 1648 exposants, 1092 récompenses ; — 1827, la septième : 1795 exposants, 1254 récompenses ; — 1834, la huitième : 2447 exposants, 1705 récompenses ; — 1839, la neuvième : 3381 exposants, 2305 récompenses ; — 1844, la dixième : 3960 exposants, 3253 récompenses ; — 1849, la onzième, 4532 exposants, 3738 récompenses.

La Russie, après la France, fut la première qui réunit ses produits en exposition, en 1829. Depuis, elle en a eu cinq ; la dernière, en 1849, eut 500 exposants.

La Belgique a eu trois expositions : 1835, 1841, 1847.

L'Autriche trois aussi : 1835, 1839, 1847. A la dernière, il y eut 1845 exposants.

Le Zollverein exposa à Berlin en 1844, et n'eut pas moins de 3200 exposants.

Enfin l'Espagne, le Piémont et la Suisse, ont eu également d'assez nombreuses expositions régionales et nationales.

C'est l'Angleterre, comme tout le monde sait, qui la première a convoqué toutes les nations à une exposition universelle. Napoléon III a créé la deuxième exposition universelle, dans laquelle nous guiderons notre lecteur. L'aspect grandiose que présentait le Palais de Cristal à Hyde-Park, ne se retrouve pas au Palais de l'Industrie de Paris, parce que celui-ci a été construit pour servir de local aux expositions françaises de l'industrie et des beaux-arts. C'est seulement quand les plans du palais étaient déjà adoptés et l'exécution commencée que l'exposition universelle fut décrétée.

Malgré la guerre, l'empressement général était tel que bientôt les demandes d'espace de la part des exposants gagnèrent des proportions énormes, de sorte que l'Empereur a décidé la construction d'une galerie le long du quai de la Seine qui fut principalement destinée aux machines et un édifice spécial pour les Beaux-Arts. Une commission fut nommée pour organiser l'exposition, et le prince Napoléon fut mis à sa tête. C'est lui qui a eu l'heureuse idée d'approprier le panorama qui se trouvait entre le palais et l'annexe, à une galerie de jonction, qui est devenue la perle de cette exposition, comme le lecteur s'en convaincra, quand nous aurons le plaisir de l'y conduire.

Toutes ces galeries supplémentaires qui présentaient un espace plus considérable que le Palais de Cristal de Hyde-Park sont devenues insuffisantes, et, bien que la commission n'ait pu allouer aux exposants que la moitié de l'espace demandé, on a été forcé de construire dans la cour, autour du panorama, des tentes pour y placer les instruments agricoles et les voitures exposées, auxquelles nous reviendrons.

Tout l'espace approprié à l'exposition est dans ce moment de 105,000 mètres au Palais de l'Industrie et à l'annexe ; de 18,000 pour le panorama et le pourtour, de 44,500 pour le terrain enclos par des barrières, de 16,700 pour les beaux-arts, en total, 184,200 mètres, c'est-à-dire 89,000 mètres de plus qu'à Londres où il n'y avait que 95,000 mètres.

Sans faire ici une description détaillée des différents bâtiments qui composent l'exposition universelle, nous dirons seulement, que le Palais de l'Industrie proprement dit forme un corps de bâtiment dont l'enceinte extérieure est en pierre de taille, dont les compartiments intérieurs sont en fer et en fonte, et la couverture en châssis vitrés. Il se compose, au rez-de-chaussée, d'une salle rectangulaire, longue de 192 mètres et large de 78, et de galeries latérales ayant 24 mètres de largeur. Au premier étage, il y a des galeries tout autour de la salle du milieu, d'une dimension égale à celle du rez-de-chaussée. 12 larges escaliers situés dans les six pavillons conduisent aux galeries. Celui du centre contient l'entrée principale, c'est-à-dire une porte colossale, peut-être trop colossale pour son entourage, car elle a 15 mètres de diamètre et 20 mètres de hauteur. Elle donne accès au vestibule du rez-de-chaussée, d'où deux larges escaliers monumentaux conduisent aux galeries. On a placé sur ces deux escaliers principaux, comme sur les autres, des objets remarquables que nous retrouverons sur notre chemin.

PREMIÈRE PARTIE

PALAIS PRINCIPAL

Première section. — Transept.

Maintenant nous entrons directement dans le transept, à travers les expositions de terres cuites de la poterie française, et en passant devant une partie de l'orfèvrerie française, que nous examinerons en détail, quand tout cela se retrouvera sur notre route. Un lustre de théâtre en bronze et cristal à 365 lumières à gaz orne l'entrée. Le milieu de la salle, dans laquelle le visiteur se trouve, est occupé par une fontaine en fonte entourée de corbeilles de fleurs dans lesquelles on a placé des statues et des groupes de marbre. Les drapeaux de toutes les nations qui décorent la voûte de cristal et qui flottent autour des galeries sont du plus heureux effet. A chaque extrémité du transept, se trouvent deux immenses vitraux de M. Maréchal de Metz (France), qui ont été payés 90,000 fr. L'un de ces vitraux représente la France conviant toutes les nations au congrès de l'Industrie et l'autre l'Équité distribuant les récompenses aux vainqueurs.

En face du visiteur, se trouve une horloge, commandée par la Compagnie pour le Palais et que nous

1.

retrouverons dans notre tournée. Les deux cadrans aux deux extrémités de la nef sont mus par l'électricité et réglés par cette horloge.

Un grand phare lenticulaire, à la droite du visiteur, que nous examinerons également, érigé par le gouvernement français en l'honneur de Fresnel, le célèbre inventeur des phares lenticulaires, frappe les yeux par le brillant de ses lentilles.

On a placé au milieu du transept les objets monumentaux, tels que statues et groupes de bronze, autels, chaires, etc., et on l'a entouré des trophées qui contiennent les plus beaux échantillons des industries représentées.

FRANCE

Tout le côté nord est occupé par la France ; le côté sud, en partant de l'ouest, commence par la Prusse et le Zollverein ; suivent la Belgique, les États-Unis et la Grande Bretagne. Les drapeaux de chaque nation flottent au-dessus de leur exposition.

Tournant à notre droite, nous nous trouvons devant le premier trophée, une grande vitrine élégante avec l'inscription PARIS, et les armes de cette ville. En effet, nous voyons là le résumé de la fabrique et du commerce parisiens, des jaconas, des barèges, etc., des étoffes légères, de dessins exquis, dont le centre du commerce est dans les rues du Sentier, des Jeûneurs, etc.

MM. Bernoville frères, Larsonnier frères, et Chenest ont exposé dans cette vitrine des échantillons de leur manufacture de peignage et de filature de laine. Devant cette vitrine, se trouve un groupe en fonte représentant le Minotaure. Ce groupe vient de chez MM. Eck et Durand.

Le second trophée est composé de porcelaines françaises, de fabriques particulières, celle de Sèvres se trouvant au panorama. Le goût avec lequel cette exposition est arrangées frappera le visiteur.

Le milieu de cette exposition est occupé par une glace avec un cadre en porcelaine, devant laquelle se trouve un buste de l'Empereur sculpté par M. Barre et exécuté par M. Gilles.

Aux côtés de ce buste, on trouvera des vases de porcelaine et de biscuit de formes élégantes, blancs et émaillés de différentes couleurs. Deux grands vases portant des candélabres de M. Meyer, parfaite imitation de Chine, sont aux deux côtés extrêmes. On regardera encore deux vases d'une exécution très-difficile, de MM. Pilliouyt et Dupuis. Ces vases sont ornés de sujets chinois avec un fond vert d'eau appelé fond Céladon. C'est ce fond, imité de Chine, qui n'a pas encore été aussi bien reproduit, et qui est d'une grande difficulté.

On y voit de plus des vases dans le style de Louis XIV, XV et XVI, une coupe charmante dont le piédestal est entouré des trois Grâces se tenant par les mains, et aux côtés deux grands vases peints et décorés par Manoury, dont les sujets de chasse et de pêche sont très-bien réussis.

Mais ce sont surtout deux pots de biscuit, de grande dimension, à large panse, de MM. Jouhanneaud et Dubois, de Paris, qui attirent les regards. Ils représentent le triomphe d'une Bacchante. Celle-ci, la tête renversée, tenant le pot vidé par elle, est portée sur les épaules de ses compagnes, et sur celles d'un jeune homme et d'une jeune femme.

Ces mêmes fabricants ont deux pots de biscuit, dont les sujets sont empruntés aux kermesses flamandes de Téniers, très-jolis et qui se trouvent parmi les services du dernier étage. Parmi ceux-ci, nous ferons remarquer aux visiteurs celui en bleu foncé de MM. Pepin-Lehalleur, dont les teintes nettes sont d'autant plus méritoires que cette couleur est d'une difficulté énorme en porcelaine, parce qu'elle exige que la porcelaine soit chauffée au rouge au risque de couler.

Il faut encore faire mention d'une coupe que l'on trouvera en bas, fabriquée et peinte pour ajuster un socle en métal de fabrique indienne qui la supporte. En effet, l'exécution est si parfaite, qu'il est bien difficile de distinguer, à la vue, le socle de métal de la coupe en porcelaine.

Au côté droit, on remarquera les imitations très-bien réussies de M. Avisseau, des ouvrages du célèbre potier français du seizième siècle, Palissy, dont l'art fut perdu pendant longtemps. Ce sont des assiettes et des rochers ornés de lézards, de poissons, etc. De l'autre côté, on remarquera un vase élégant de M. Haviland, de Limoges, fond or à dessins. Sur le pourtour intérieur, un émail léger représente un combat des Centaures et des Lapithes. Deux lustres en porcelaine à jour, or blanc et émaillé avec des fleurs et des serpents, ornent le pourtour de ce pavillon. Le modèle de ces lustres est de MM. Ernie et Coudère, et la fabrication de M. Burguin.

En face de ce trophée, se trouve un bassin de grande dimension à côtes de melon, en faïence verte, imitant le marbre. Sur le pourtour, pendent en guirlande des ceps de vigne réunis par des rubans. Ceps, rubans, feuilles et raisins sont faits d'une pâte blanche et mate, nommée pâte de Paros, par M. Millet. On y a mis trois petits enfants de grandeur naturelle, assis à l'entour d'un autre vase dans lequel ils regardent.

Le troisième trophée est celui de l'industrie parisienne, c'est-à-dire la bijouterie, les fleurs artificielles, les modes, et ces mille objets légers que l'on appelle *articles de Paris,* d'un goût exquis, et qui se trouvent sur les étagères et sur les toilettes des dames élégantes, tels que flacons, éventails, etc. Ce qui frappe d'abord les yeux est un manteau de cour très-élégant, blanc, brodé d'or. La richesse et la beauté du dessin distingue cet ornement de grande cérémonie à la cour impériale. Sur le devant, se trouve la bijouterie fine de la maison Bapst, un des premiers bijoutiers de Paris. On remarquera parmi ces richesses une bague, ornée d'un diamant noir, et une parure de diamants et des perles du prix de 76,000 fr., d'un très-bel effet ; une autre de diamants et rubis de 80,000 fr., d'une exécution supérieure. Les fleurs artificielles de MM. Perrot et Petit, industrie dans laquelle Paris excelle, attireront l'attention du visiteur par la parfaite imitation de la nature. Les souliers brodés, les ombrelles, etc., ne laissent rien à désirer. Remarquons encore le goût et la finesse des coiffures de plumes, etc.

Une seule maison a l'honneur d'occuper le trophée suivant, c'est la maison Denière, avec celle de Barbédienne, que nous trouverons plus tard, la plus importante pour l'industrie des bronzes, une des principales et des plus célèbres industries de la capitale.

On y voit étalés des objets d'art, sujets antiques et modernes, de toutes dimensions ; des candélabres élégants, supportés par deux enfants en grandeur naturelle, forment le haut de l'étalage. Parmi les statuettes et les groupes, on remarquera sur une pendule de marbre noir et vert, une figure assise représentant l'Architecture, modèle attribué à Michel-Ange ; à côté de saint Sébastien, Judith, d'une exécution irréprochable ; à côté de Judith, l'amiral Chabot, à demi couché, dont l'original se trouve au Louvre.

Sur le deuxième rang, c'est un pot de tabac qui attirera surtout l'attention du visiteur. Il est moulé sur un pot en ivoire, sculpté par Michel-Ange. Plus bas, on admirera le groupe de Faust et Marguerite et celui de Roméo et Juliette, tous les deux de M. Cordier. Le prix de ces deux groupes ensemble est de 700 fr.

Le dernier rang est occupé par un service de table

très-élégant, en bronze doré et cristal, commandé par l'ancien ambassadeur russe à Paris, le comte de Kisselef, et coûtant 50,000 fr.

Sur le bord gauche du trophée, on voit un haut lustre en bronze patiné, un trophée de chasse, chargé de fusils, de gibier mort, et de carnassière, du prix de 6, 000 fr ; et en face de celui-ci, une fort belle vasque portant un lustre, et dont le socle est formé par trois enfants debout en grandeur naturelle, de la valeur de 11,000 francs et, au milieu, un lustre en bronze doré et émaillé, avec des boules de cristal en style oriental et imité de l'Alhambra.

Le quatrième trophée est composé d'horlogerie et d'instruments d'optique.

M. Wagner, horloger mécanicien, occupe le côté droit du trophée, avec une grande pendule dont la mécanique est à jour.

Les connaisseurs trouveront dans cette pièce des nouveaux arrangements très-ingénieux, pour assurer l'exactitude de la pendule. Une horloge, à côté, dont le rouage est en fer peint, représente un échantillon de l'horloge publique ordinaire. C'est M. Wagner qui a popularisé l'usage du fer au lieu du cuivre pour les horloges, ce qui leur donne une grande solidité et une économie de 25 0/0. Un pendule suspendu meut deux cadrans à la fois. Nous trouverons dans l'annexe l'horloge à *mouvement continu* du même fabricant, qui lui a valu, à l'exposition de Londres, la médaille du conseil,

M. Garnier, inventeur des horloges électriques, se trouve à côté avec une grande pendule, et plusieurs petites pendules de voyage d'un très-beau travail. La grande pendule a un compensateur, de l'invention de M. Garnier. Nous trouverons ailleurs ses pendules électriques. Un phare lenticulaire de premier ordre, commandé par le gouvernement des États-Unis et exposé par Henri Lepaute de Paris, système Fresnel, occupe le milieu. C'est le même que celui du gouvernement (voir celui-ci), c'est-à-dire il présente successivement un éclat et une éclipse en dix secondes de temps.

Un autre phare plus petit, du même exposant, un appareil catadioptrique est à côté ; celui-ci est à feu fixe, varié par des éclats prolongés.

Sur la gauche du visiteur, quelques instruments d'optique et la coupe d'une locomotive, d'un nouveau système, inventé par M. Laudet, ingénieur à Paris. Cette locomotive n'a pas de tender, et porte son approvisionnement d'eau et de coke pour les grandes distances. La chaudière de cette machine est de nouvelle application à retour de flamme. Vis-à-vis, se trouve un modèle de bateau à hélice, *le Danube*, appartenant aux Messageries Impériales. Une mécanique cachée fait marcher la machine à vapeur qui tourne l'hélice. Les moindres détails du beau bateau sont reproduits avec beaucoup d'exactitude.

Quelques pas plus loin, nous nous trouvons devant l'entrée du phare érigé par le gouvernement en l'honneur de Fresnel, dont le buste est au-dessus de la porte avec cette inscription : *Augustin Fresnel, inventeur des phares lenticulaires.* Avant d'y monter, n'oublions pas de jeter un coup d'œil sur les deux joueurs de boule en bronze, qui se trouvent devant la porte. Ces deux statues sont du musée de Naples, et ont été apportées et exposées par M. Graux-Marly.

Le phare, destiné à Belle-Ile et dans lequel il est permis de monter, est composé de huit lentilles entourées de dix anneaux prismatiques. Au milieu, brûle une lampe à modérateur, ayant six mèches concentrées, donnant la lumière de vingt-cinq lampes ordinaires ; la flamme a sept centimètres de diamètre et brûle 750 grammes à l'heure. M. Fresnel a établi cette lampe avec M. Arago.

L'appareil tourne sur son axe en huit minutes.

Toutes les fois que la lentille se trouve devant la lampe, il y a un éclat ; dans les intervalles, il y a éclipse. Cette lumière est visible à une distance moyenne de quinze lieues. L'extérieur du phare est orné de figures représentant les différentes nations maritimes, la France, l'Angleterre, la Hollande, la Norwège, etc.

En revenant aux trophées, nous nous trouvons devant une grande vitrine remplie de châles français, d'une grande beauté. Celui du milieu, fixé dans un cadre, a été fait exprès pour cette Exposition. Nous voyons en haut la figure de la France, tenant le glaive dans une main, et une branche d'olivier dans l'autre, offrant la paix au monde, représenté par un globe. Un aigle aux ailes déployées, plane au-dessous de ce globe ; dans le centre, se trouve le portrait de Sa Majesté l'Empereur ; le fond est semé d'abeilles, et les coins sont ornés d'aigles.

Le trophée suivant est celui de la Marine Impériale, arrangé sous la direction de M. Cros, directeur des constructions navales. On y voit les principaux engins en usage sur nos vaisseaux. Deux pièces gigantesques forment le centre, un canon de 50, c'est-à-dire dont le boulet pèse 25 kil. et un canon obusier à la Paixhans de 27 centimètres de diamètre à l'orifice, lançant un boulet conique de 102 kilogr. Ces deux pièces sont à chambre et à batterie. Le premier est le plus gros calibre de la marine française pour lancer des boulets pleins. Tous les accessoires entourent ces pièces. Le fond est formé des armes et des ustensiles de vaisseau; on y voit des grapins, sabres, haches, piques, des fanaux pour les signaux, des pavillons, des enseignes, des flammes, des guidons, etc., et des ancres.

Froment-Meurice est l'inscription du trophée suivant, une des premières maisons d'orfévrerie et de bijouterie de Paris. Le chef de cette maison, M. Froment Meurice, un des hommes les plus distingués sous tous les rapports, est mort il y a peu de temps ; mais les objets exposés ont été faits sous sa direction.

Parmi tous ces objets d'une composition très-variée et d'une exécution supérieure, on remarquera une parure de diamants de la valeur de 85,000 fr, et une autre de diamants et rubis de 65,000 fr. ainsi qu'un bracelet en saphirs et diamants de 100,000 fr. On y remarquera, de plus, une coupe dont le piédestal est entouré de quatre bœufs d'argent. Ces bœufs sont des portraits des bœufs qui ont remporté les prix au concours qui se tient tous les ans à Poissy, le marché de bœufs pour Paris. Au milieu, et dans le haut, on verra une coupe en agate appartenant à la princesse Mathilde. Elle représente l'Ivresse, car sur son pied se tiennent trois groupes figurant *le Vin triste, le Vin rêveur, le Vin amoureux*. Sur l'anse, est couchée la Raison, enchaînée par de petits Amours. La composition et l'exécution de cette pièce ne laissent rien à désirer. A main gauche et sur le même plan, se trouve un triptique, dans le style gothique allemand. Quand il est fermé, ce triptique offre quatre faces ornées de quatre bas-reliefs en argent repoussé, encadrés de feuillages et de branchages qui se rejoignent au faîte supportant une couronne d'épines, surmontée d'une croix. Ces bas-reliefs représentent les principaux événements de la vie du Christ.

L'autre moitié de cette vitrine nous montre entre autres deux parures. L'une se compose d'une broche, d'un bracelet, d'une paire de boucles d'oreille et d'un collier de diamants et d'émeraudes sculptées, de la valeur de 110,000 fr. (4,400 livres sterling). L'autre est de camées de la renaissance sur onyx, gade, agate, montés dans des feuilles d'or mat, des émaux blancs et noirs, des perles et des rubis, de la valeur de 15,000 fr. Cette parure d'un très-heureux effet, par le choix des camées et la variété des couleurs, se compose d'une broche, d'un collier, d'un bracelet et d'un peigne. Parmi les autres objets de cette partie, on remarquera, à main gauche, Léda avec le Cygne, d'après Pradier, en ivoire. Le cygne est en argent, et les ornements en or et pierreries. La valeur de cette pièce est de 25,000 fr. Un très-joli portrait en miniature et sur émail de l'Impératrice, orne le milieu d'une plaque, placée sur une petite étagère.

En face de Froment-Meurice, une élégante fontaine en fonte répand de la fraîcheur, par une eau abondante. Les arithmomètres de M. Thomas de Colmar se trouvent à côté. Un élégant bureau vous présente des chiffres et des ressorts, et fait les calculs avec une promptitude et une exactitude incroyables.

Le neuvième trophée porte l'inscription *Vieille-Montagne.* C'est le nom d'une société anonyme des mines et des fonderies de zinc de Belgique, de la Prusse rhénane et de France, dont le siége principal est à Paris et à Liége (Belgique).

Le buste en zinc de l'empereur Napoléon III orne le milieu, et deux statues en couleur naturelle, les deux niches de l'entrée. Tout le reste se compose de spécimens des produits de la société, tels que feuilles de zinc de toutes sortes, plaques pour toiture, pointes, clous ronds et carrés, etc. La statue équestre de l'empereur Napoléon III, qui se trouve à l'entrée Est du palais, est fondue en zinc de cette compagnie, d'après le modèle de M. Debay qui se trouve à l'exposition des beaux-arts.

En face de ces zincs, deux groupes de bronze de différente grandeur se présentent au visiteur. Le petit est une réduction en bronze de l'Amazone de M. Kiss, qu'on a tant admirée au Palais de Cristal de Londres, par M. Minoy de Paris. L'autre, un groupe colossal représentant le combat d'un tigre avec un cheval en grandeur naturelle, fondu par MM. Eck et Durand.

A côté, l'exposition des bronzes de M. Susse, l'éditeur des œuvres de Pradier. Aussi, voyons-nous, au milieu, sur le haut l'Enfant au cygne, et au-dessous Sapho, réductions des originaux de Pradier. Deux soldats du temps de Charles Ier portant candélabres et d'un effet ravissant, gardent l'entrée de cette jolie petite collection, dans laquelle on remarquera, à main gauche, les lutteurs d'après l'antique, le Génie de la Chasse par Jean Debay, Atalante par Pradier, et Phryné qui a valu à son auteur la médaille du conseil à l'Exposition de Londres. A main droite, les bustes du maréchal Saint-Arnaud; de Pradier, Euterpe, et Vénus de Milo et Diane, de Gabie, d'après l'antique, etc.

Le dixième trophée contient le modèle à jour de la grande usine des forges de Châtillon et de Commentry, à Montluçon. Autour et au-dessus de ce bâtiment en miniature, on voit des modèles de machines et des outils employés dans l'industrie métallurgique, dont quelques-uns appartiennent au Conservatoire des arts et métiers. De plus, des locomotives à six roues d'après Cuvelier, une turbine-fontaine d'après Clair, système dans lequel la turbine élève une portion de l'eau qui lui imprime le mouvement de rotation; une grue, une machine à percer et à comprimer des bandes de tôle, et enfin un appareil à soulever les wagons pour en déverser la houille dans la cale d'un vaisseau. En haut, on voit le modèle d'une très-belle arche d'un viaduc sur le Rhône à Lyon (chemin de fer de Lyon à la Méditerranée), qui se composera de cinq arches pareilles d'égale ouverture.

Le dernier trophée du côté que nous venons d'examiner, est celui de « Mulhouse. » Nous y voyons des belles étoffes pour meubles de cette célèbre fabrique. En tournant à droite, on trouve, entre deux vitrines des fleurs artificielles de grande dimension, dont l'une, est française (M. Dutheis), et l'autre allemande, toute une exhibition singulière. Ce sont des vases, de longs candélabres capricieusement percés à jour, supportant des corbeilles remplies de fleurs naturelles, sous lesquelles se cachent les porte-bougies, candélabres, et de formes et de couleurs variées, les uns or mat, les autres or bleu et rouge, puis or bleu et rose ; on voit auprès des vasques, montées sur des socles, et surtout un immense vase, décoré de peintures. Tous ces objets sont imités des décorations de l'Alhambra de Grenade, de M. Charles de Diebitsch. Tout est de zinc fondu, une couche de cuivre a été appliquée sur ce zinc par la galvanoplastie.

PRUSSE, ZOLLVEREIN

De là, si nous portons nos regards à gauche, nous nous trouvons devant quatre loges élégamment ornées de velours rouge, sur lequel se détachent des arabesques blancs en carton-pierre. Ce sont les trophées de la Prusse et des États qui ont exposé collectivement avec elle. La première loge contient les broderies des montagnes de la Saxe, où, comme en Suisse, une nombreuse population est occupée par cette industrie. On en remarquera le beau travail et l'excessif bon marché. On y verra des gilets brodés à 5 et 6 fr ; le gilet brodé en velours, 20 fr, etc. M. Hietel, de Leipsic, a composé des broderies de crêpe et de cheveux sur tissus de soie blanche. Parmi les tableaux brodés avec des cheveux à l'aiguille, travail très-bien exécuté, on remarquera le portrait du roi de Saxe, et un autre de Napoléon III, au prix de 200 fr. ; un cheval bien dessiné, etc. Le fond de cette loge paraît destiné à une glace de la fabrique de Manheim, d'après l'inscription qu'elle porte, mais la pièce ne s'y trouve pas.

Devant cette loge, une statue de bronze de deux mètres de hauteur se dresse devant nous. Cette statue représente le roi Frédéric Guillaume III, père du monarque actuel, en costume romain. Elle est fondue d'après le modèle de M. Kiss et exposée par l'école royale des arts et métiers de Berlin : *ce qu'il y a de plus à y remarquer*, ce sont les travaux de ciselure et d'incrustation d'or et d'argent dont elle est ornée. L'or et l'argent employés à cet effet sont d'une valeur de 6,750 fr. Le prix des travaux exécutés et qui ont duré trois ans, forme un total de 25,330 fr., la fonte et le modèle non comptés. Elle est destinée à orner l'École de laquelle elle est sortie.

Devant cette statue, une petite exposition attire par la célébrité du nom et le parfum qu'elle répand. Le lecteur aura deviné qu'il s'agit de l'eau de Cologne exposée par l'illustre et éternel Jean-Marie Farina. Sur du velours rouge, reposent les productions des sculpteurs et des ornementistes de la cathédrale inachevée de Cologne. On voit des corniches, des flèches et autres ornements exécutés avec un fini parfait, dans une pierre de grès. Des photographies très-bien réussies montrent les détails de la cathédrale : de l'autre côté, des stéréoscopes dressés sur une table, amuseront le visiteur par la parfaite clarté de leurs images qui se détachent merveilleusement et se dressent devant l'œil au bout de quelques secondes.

Devant ces objets et en face des quatres trophées, on a disposé une Flore entourée de cerfs en grandeur extra-naturelle, et d'autres ornements de jardin, en zinc recouvert d'une couche de cuivre par la galvanoplastie. Ces objets sont coulés sans retouche et se distinguent par les formes élégantes et le bon marché. Les deux cerfs dorés, qui sortent des ateliers de MM. Devaranne et Winkelmann, à Berlin, sont faits d'après le modèle du célèbre sculpteur Rauch, et coûtent 1900 fr.

Retournons au deuxième trophée, qui contient la poterie de grès fin et de pâte décorée par des couleurs, de l'or et du platine. On verra également exposées de

2.

grandes pièces de terre cuite et les pavés en mosaïque de Villeroy et Boch.

Les célèbres manufactures de glaces à Aix-la-Chapelle ont exposé une glace colossale très-pure, dans le troisième trophée. Deux vases élégants de porcelaine richement dorés ornent l'entrée. Des lustres en porcelaine, figurant des fleurs, des raisins et des feuilles d'un joli effet, décorent le plafond de cette loge.

Dans le quatrième trophée prussien sont étalés les produits de la manufacture royale de porcelaines à Berlin. Cet établissement doit sa réputation à la perfection de ses peintures sur porcelaine. Aussi verra-t-on avec plaisir la belle coupe de grande dimension, au milieu, ornée d'un tableau représentant l'Amour et l'Ondine, d'après un poëme de Goethe. D'autres groupes et figures d'une grande beauté se trouvent dans cette loge. Mais les pièces capitales de cette exposition se trouvent en face de la loge. Ce sont cinq vases de grande dimension, ornés de peintures, d'après M. Kaul-Bach et d'autres.

AUTRICHE

A côté de la Prusse, se dressent quatre trophées de l'industrie autrichienne, et principalement de la porcelaine et de la verrerie.

Le premier trophée contient quelques échantillons de porcelaine. Un grand vase, imitation de Chine, orne la partie supérieure : au-dessus, on a placé un échantillon de l'électrotypie, une des spécialités les plus remarquables de l'imprimerie impériale de Vienne. C'est un bas-relief représentant David et Abigaïl du Ier livre des Rois, chap. XXV. Au-dessous de ce vase, on en a ordonné d'autres, mêlés de statuettes. Aux deux côtés, on remarquera des bocaux ornés de gravures d'un côté, tandis qu'en face de ces gravures se trouve une lentille, qui fait partie intégrante du verre. A travers cette lentille, on voit le petit tableau en relief, ce qui est d'un effet charmant. Sur le bas, se trouvent des boîtes en bois d'une forme et d'une facture originales, ainsi qu'une pendule placée au côté droit (style gothique). En face de ce trophée, se trouve un prie-dieu en mosaïque de bois. 2,500,000 petites pièces de bois ont été employées à ce meuble. MM. Stammer et Dreul, à Vienne, sont les fabricants de tous ces articles de bois.

Le deuxième trophée autrichien est exclusivement consacré aux célèbres cristaux de Bohême. On verra là des bocaux, des verres et différents objets de verrerie, des gravures bleues et blanches sur fond jaune, d'une grande perfection, etc. Mais ce qui fait la spécialité de cette industrie, c'est d'abord le verre glacé, c'est-à-dire du verre ressemblant à la glace qui se dépose en hiver aux carreaux de fenêtre. On trouvera, sur le haut, deux grands vases très-élégants, rose et blanc, et, en bas, différents objets de ce verre.

Deux autres grands vases, au-dessous de ceux-ci, avec arabesques bleues en relief, attireront l'attention, ainsi que celui, en bas, du même genre. Remarquons encore les deux vases rubis de moindre dimension. C'est cette couleur qui frappera le connaisseur; elle constitue une autre spécialité de la verrerie de Bohême, car aucune autre verrerie n'a pu produire jusqu'à présent une aussi belle couleur rubis, avec autant d'intensité et un ton aussi brillant.

En face, se trouve un télescope destiné à l'École Polytechnique de Vienne, et, à côté, une pendule sur un piédestal. Le tout est d'un bois noir poli, résistant à l'influence de la chaleur, de l'humidité et du temps, de l'invention de l'exposant, M. Raible, à Vienne.

Derrière ces objets, est le modèle d'un petit bateau à

vapeur, *le Danube*, pyroscaphe qui se distingue par son faible tirant d'eau, qui n'est que de 1 m. 22 cent. avec cargaison. M. Kitschelt a exposé à côté une petite collection de bronzes, dont il n'y a qu'un vase noir à main gauche qui mérite notre attention.

Viennent les fonts baptismaux en bronze, à côté, d'une grande simplicité ; puis trois tables ornées d'incrustations d'aventurine, sorte de pierre de verre qui est la spécialité de la fabrique de verre de Venise.

Nous retournons maintenant au troisième trophée.

Les deux vases de grande dimension richement dorés qui ornent le devant du troisième trophée ont cette couleur rubis dont nous venons de parler. Le reste se compose de toutes sortes d'objets de cristal. C'est la variété du dessin qui manque à ces cristaux, d'ailleurs d'une grande pureté et d'une grande perfection d'exécution.

Le quatrième trophée représente l'industrie de porcelaine. On y voit de beaux vases, imitation de Chine, des statuettes d'une bonne exécution, et les articles courants de cette industrie.

Au côté droit, on remarquera entre autres un petit service de thé (imitation de Chine), qui appartient à la grande-duchesse d'Autriche Sophie, et qui lui a été donné par l'empereur François-Joseph, son fils.

Une toilette en marbre blanc de Carrare, et due au ciseau de M. Giovani Isola, professeur de sculpture à Massa, se dresse devant ce trophée. Une table ronde supporte trois grandes glaces ovales entourées de cadres de marbre, représentant des nœuds de ruban, des roses, des amours et des oiseaux. Des colombes, très-bien exécutées, se reposent dans l'espace entre les glaces et, au-dessus d'elles, une petite colonne supporte l'Amour assis sur un globe. Quatre vases, dont les couvercles sont sculptés avec une grande perfection, sont placés sur la table pour recevoir les objets de toilette.

M. Sandri de Vérone a exposé à côté et à main gauche une collection de marbres de terre cuite de Marbazt, de la province de Vérone, formant le dessus d'une table en mosaïque. Un grand échafaudage, d'un aspect assez disgracieux, s'élève derrière. Il est rempli d'ornements d'architecture, de vases et de statues en terre cuite de fabrication autrichienne. Tous ces articles sont les articles courants de la fabrique de poterie à Wagram, près Vienne, et cependant on y remarque des objets qui ont un véritable mérite artistique : ainsi la statue de saint Jean-Népomucène, patron de la Bohême, et autres.

BELGIQUE

Le premier trophée que nous rencontrons en continuant notre tournée est le commencement de la Belgique. On y voit étalés les draps, casimirs et autres tissus de laine de la fabrique belge, remarquable par le bon marché de ses produits.

En face de ce trophée, se trouve un dais de bois de chêne sculpté dans le style du IVe siècle. La Vierge avec l'Enfant Jésus, debout sur le globe, également en bois sculpté, se voit au milieu. Un autel, de bois de chêne sculpté, de MM. Goyers frères, à Louvain, se trouve à côté. M. Miesbach, de Vienne, dont les terres cuites lui ont mérité la médaille de prix à l'exposition de Londres, se trouve adossé à cette chaire. Leur mérite est de mettre à la portée de tout le monde des ornements d'art par leur bon marché. A côté et à main droite, le même fabricant a placé une jolie petite fontaine, également en terre cuite, ornée de fleurs. Des enfants tiennent des cruches par lesquelles l'eau doit arriver. Une chaire hollandaise, de MM. Cuyper et Holgenberg, qui est derrière, attirera l'attention par l'exécution artistique de sculptures en bois. Les 4 Évangélistes ornent les panneaux de la chaire. L'espace n'a pas permis d'exposer le double escalier destiné à cette chaire, et qui doit être d'un effet très-heureux, d'après le dessin que l'on trouvera attaché à l'escalier provisoire.

Le deuxième trophée belge est rempli d'ornements d'église, de dentelles et de riches broderies en or. Liège a étalé dans la vitrine suivante ses armes à feu célèbres, dont la perfection et le bon marché leur ont conquis une réputation européenne.

En face, une grande glace de la compagnie de Floreffe, d'une hauteur de 5 m. 25 c. et d'une largeur de 2 m. 85, termine les trophées belges.

AMÉRIQUE — ANGLETERRE

Le premier trophée que nous rencontrons sur notre route, après avoir passé devant la fontaine du milieu, est partagé entre la France et l'Angleterre, car la première moitié est occupée par M. Leroy, l'horloger connu par tous les visiteurs du Palais-Royal. Une splendide pendule, style renaissance, de bronze doré et de porcelaine, occupe le haut ; d'autres pendules de salon et de voyage témoignent de l'habileté de ce fabricant. Le colonel Colt d'Amérique, l'inventeur des armes à feu rotatives à culasse (*Patent Revolving Breeched Fire-Arms*), a exposé ses objets dans la deuxième partie de cette vitrine. Deux de ses pistolets sont attachés à de petites chaînes pour être examinés par le visiteur, tandis que d'autres sont disposés dans deux vitrines. Ce pistolet est destiné à remplacer le revolver ordinaire, car quoiqu'il n'ait qu'un seul canon, il est construit de façon à pouvoir tirer jusqu'à six coups successivement sans avoir besoin de recharger.

En face, ont été disposés quelques bronzes retarda-

taires de M. Raingo, de Paris, une garniture de cheminée, deux candélabres et une corbeille de fleurs. A
côté de ces bronzes, un beau groupe en grandeur naturelle, de cuivre galvanisé, attirera les regards. Il représente Amalthée avec sa chèvre, est dû à M. Julien et
vaut 6,000 francs. Une chaire hollandaise en bois
sculpté se trouve derrière et se distingue par le fini de
la sculpture. Le deuxième trophée à côté de M. Colt
n'a été dressé que ces jours-ci, et n'est pas encore
terminé (fin août). Il sera composé des objets d'orfévrerie et d'argenterie de M. Meyer, de Paris. On y
voit déjà entre autres trois tabatières ornées du chiffre
de l'empereur Napoléon, en diamant, et commandées
par Sa Majesté.

En face, se trouve un beau groupe de bronze de la
maison Elkington, Mason et Cᵉ, de Londres, représentant la reine Boadicea et ses enfants, sculpté par M. John
Thomas.

Le premier trophée anglais est celui de la ville de
Wolverhampton. Elle expose des plateaux, des corbeilles, des demi-baignoires, ustensiles de toutes sortes,
et autres objets de tôle et de ferblanc vernis, d'un très-
bon goût et d'une fabrication et solidité irréprochables.
En face, se trouve un trophée de la maison Elkington,
Mason et Cᵉ, de Londres, composé d'une cheminée,
ornée de bas-reliefs en bronze, représentant des scènes de Shakspeare, et supportée par deux figures allégoriques, la Tragédie et la Comédie. Une belle glace surmonte la cheminée, et le milieu est orné du buste du
grand poëte britannique. Les bustes de Leurs Majestés
l'Empereur et l'Impératrice des Français ornent les
extrémités du trophée.

BRADFORD et HALIFAX ont exposé, dans la vitrine
suivante, leurs étoffes de laine et coton, célèbres par
leur bonne qualité et distinguées par leur dessin. Aux
deux côtés, des tapis aux sujets variés.

En face se trouve un autel en terre cuite d'une très-bonne exécution, dont le prix est de 2000 fr. Au fond et à main gauche, on remarquera une belle statue de bronze représentant saint Jean-Baptiste en grandeur naturelle, sculpté par M. Barre.

En retournant aux trophées, nous trouvons BIRMINGHAM où MM. Jennens et Bettingen, fabricants de la reine, ont étalé des objets ravissants de papier mâché. Des tables, des chaises, des toilettes, des boîtes, tout est d'une exécution supérieure et d'un goût exquis.

MM. Timothy Smith et fils occupent l'autre moitié du trophée avec des objets dorés par un nouveau procédé. Des lampes, des chandeliers d'église, des lustres, remplissent leur vitrine et le haut du trophée.

On a établi en face une machine à composer, très-ingénieuse, pour les imprimeurs, de l'invention de M. Delcambre. Un clavier se trouve devant le compositeur, qui n'a qu'à faire jouer la touche corespondante à la lettre, et celle-ci va se placer loin de là dans un petit casier, et ainsi on compose avec une vitesse incroyable. Une autre mécanique à main gauche de ce clavier sert à décomposer, c'est-à-dire à remettre toutes les lettres pareilles ensemble en détruisant la composition. On dit qu'une pareille machine à composer se trouve dans le cabinet de l'Empereur.

Dalglish Falconer et Cᵉ, de Glasgow, ont arrangé dans le trophée suivant leurs belles mousselines et cambrics imprimés, arrangés avec beaucoup de goût.

En face s'élève le trophée de la *Marine anglaise*. Sur le haut et au milieu, on voit des ancres de grande dimension, des anneaux, des piliers de fer, etc., des boussoles, fanaux et lanternes de navires, des cordages, des toiles et tous les objets employés dans la marine. Des modèles de navires de M. Russel à Londres sont arrangés au-dessous, et, tout en bas, un très-beau modèle de machine à vapeur oscillante, de la force de 500 chevaux, mise dans le bateau à vapeur de Sa Majesté *le Sphynx*, de M. Penn à Greenwich.

A côté de ce modèle et à main gauche, un modèle des phares de Bisgop-Rock de M. Walker à Londres, et d'autres modèles des phares et des appareils pour la navigation. A côté et à main droite, il y a des appareils complets destinés aux plongeurs, qui descendent dans la mer, soit pour visiter les flancs d'un navire ou pour tout autre service : les bottines aux semelles épaisses garnies d'une double semelle en plomb et liées au-dessus des chevilles, le pantalon et le vêtement complet rendus imperméables par le caoutchouc, le casque en forme de pot vissé au cou, recouvrant toute la tête, et percé de trous garnis de lames de cristal. A côté, deux machines à insuffler l'air au moyen d'un tuyau de caoutchouc.

A côté de ce trophée et à main droite, est un petit canot très-élégant pour quatre personnes, de 22 pieds 2 pouces de longueur et de 4 p. 4. p. de largeur, fait par MM. Stearle et fils à Londres, fabricants des canots de la reine et de la corporation de la ville de Londres, et au-dessus, un petit canot de course des mêmes fabricants, pour porter une seule personne, de 31 p. 4 p. de longueur et d'un pied 3 p. de largeur, qui ne pèse que 35 livres.

Les porcelaines de la célèbre maison Copeland, de Londres, occupent le trophée suivant. La spécialité de cette maison sont les groupes, statuettes, vases, etc., exécutés en *porcelaine marbre*, qui se distingue du biscuit français par une dureté plus considérable et par un teint légèrement verdâtre.

Sur le haut, on remarquera un vase énorme, fond rose, avec arabesques blancs; deux bustes, des deux côtés, représentent O'Donnell et Robert Peel. Plus bas et au milieu, Sapho par Theed (32 pouces de hauteur) d'après l'original appartenant à la reine, du prix de

419 fr. A côté et à main gauche, un joli groupe d'un homme donnant des raisins à un enfant, et, à main droite, Paul et Virginie par Camberworth, qui vaut 70 fr.

Examinons le dernier trophée anglais, avant de voir la grande et belle glace dont nous avons déjà parlé et qui se dresse derrière les deux objets que nous venons de voir. Ce sont les toiles remarquables et les broderies fines d'Irlande.

Retournons à la grande glace exposée par la fabrique des glaces de Saint-Gobain, celle qui a fondu toutes les verreries employées aux différents phares français exposés. Cette glace, d'une pureté remarquable, n'a pas moins de 5 m. 37 c. de hauteur et 3 m. 36 c. de largeur, et, par conséquent, 18 m. 04 c. de superficie. Son épaisseur est de 12 à 13 millimètres.

Le célèbre fabricant de pianos, M. Érard, a exposé, derrière cette glace, un piano très-élégant, dont la caisse rappelle les plus délicieuses conceptions de l'époque Louis XV, et dont le son peut lutter de sonorité avec celui des orgues de salon. Une harpe, de la même fabrique, se trouve à côté. Devant ces instruments, une fontaine en fonte arrêtera un moment le visiteur par sa simplicité et le bon goût qui la distingue. En face de cette fontaine et aux deux extrémités du transept, on voit deux phares de nationalité et de construction différentes. Celui à main gauche est un phare dioptrique de premier ordre, à feu fixe, avec des zônes catadioptriques de la fabrique de MM.-Chance à Birmingham. L'autre phare français est dioptrique et à feu tournant, comme celui du gouvernement, que nous avons vu au commencement ; deux plus petits phares du même genre sont à côté de lui.

FRANCE

Nous arrivons maintenant au côté nord du transept, occupé par la France. Le premier trophée de ce côté est formé d'un orgue de salon de M. Cavaillé-Coll, de Paris, du prix de 12,000 fr., commandé par Mme Viardot. En face, on remarquera une petite collection de reliures très-remarquables, de M. Engelman, parmi lesquelles un superbe missel en velours bleu couvert de sculptures en bois. Le second trophée est formé d'un faisceau pittoresque des instruments de musique de fabrique parisienne, parmi lesquels une contre-basse monstre, de huit pieds de hauteur, dont on joue à l'aide d'un chevalet mobile ; l'archet lui-même est mu par un mécanisme. Elle est à la contre-basse ordinaire ce que celle-ci est au violoncelle. Les instruments de cuivre et les grosses caisses forment les côtés, et les pianos, Érard et Pleyel, à leur tête, occupent la partie inférieure.

Le trophée suivant est celui de M. Plon, imprimeur de l'Empereur, qui expose des échantillons d'impressions typographiques, parmi lesquels on remarquera de belles épreuves en caractères orientaux et en caractères européens. En face, on a placé deux superbes manteaux de cour de fabrique lyonnaise, ornés de broderies en or, du plus beau dessin et d'une exécution très-remarquable. A côté et à main droite, se trouvent des instruments de Sax sur un échafaudage.

Huber frères ont exposé une cheminée en carton-pierre surmontée du buste de l'Empereur : deux candélabres, supportés par des enfants de grandeur naturelle, complètent la garniture. A l'extérieur, on a placé d'autres échantillons d'ornements de carton-pierre ; à gauche, l'encadrement d'une glace ; à droite, des bas-reliefs, etc.

Trophée de guerre. — L'arrangement de ce trophée a été confié à M. Penguilly-Laridon, capitaine d'artillerie. Les armes blanches couvrent le panneau du fond. On y voit les modèles des armes principales, en usage aujourd'hui dans l'armée française. Les faisceaux sont formés avec des armes à feu ; les deux premiers avec les armes de l'infanterie et de la cavalerie ; le troisième avec des canons. On y voit les armes de nouvelle invention, le mousqueton des cent-gardes, se chargeant par la culasse. Le modèle en est dû au commandant Freuil de Beaulieu. On y remarque aussi le mousqueton de cavalerie du commandant Clerville, se chargeant par la culasse, encore à l'état d'expérience. Le faisceau du milieu est formé du canon de l'invention de Napoléon III. Ce canon est à la fois canon et obusier, c'est-à-dire qu'il lance également l'obus ou le boulet. Il remplace dans l'armement de campagne et de montagne quatre pièces, le canon de huit et le canon de douze, et l'obusier de quinze et l'obusier de seize. Ce système permet à l'artillerie en campagne de n'avoir qu'une seule caisse d'approvisionnements au lieu de quatre.

Cette simplification met l'artillerie en position de suivre les évolutions de la cavalerie, avantage longtemps désiré et cherché sans solution. Le canon de l'empereur tire avec une justesse remarquable ; il a fait ses preuves dans les journées de l'Alma et d'Inkermann. Le long du panneau, on voit les deux parties d'un instrument de précision appelé *fusil-pendule*, et à l'aide duquel on peut déterminer la vitesse du projectile dans une arme à feu quelconque, un fusil ou un canon, au moment même où le coup part. Elle sert à préciser la force relative des poudres différentes avec les mêmes tubes et les mêmes projectiles. Cet instrument est redevable de sa justesse et de sa précision actuelles aux expériences du général Morin.

M. Sécretan, opticien de l'empereur, a établi en face une lunette de 24 centimètres (9 pouces) d'ouverture; la distance focale est de 4 mètres (12 pieds 4 pouces); elle est montée parallactiquement pour une latitude nord de 48° 50', marchant au moyen d'un mécanisme d'horlogerie. A côté de cette lunette, se trouve un baromètre étalon, mesurant la pression atmosphérique à $\frac{1}{100}$ de millimètre près, construit pour l'observatoire météorologique de Lisbonne.

En continuant notre tournée, nous nous trouvons devant le deuxième trophée de l'industrie parisienne. Il y a là des articles de vingt différentes maisons et fabriques et qui représentent quinze industries. Le milieu est occupé par une toilette en argent massif, composée de vingt-deux pièces sur une table de bronze argenté de M. Audot. Une grande pendule représentant Sapho orne le milieu. Des éventails sont disposés autour d'elle, et, devant eux, un charmant groupe en biscuit, représentant un épervier détruisant un nid de perdreaux. Au fond, à droite, un châle de M. Biétry commandé pour l'Impératrice, qui a choisi elle-même les dessins.

M. Lemonier, bijoutier de la couronne, a exposé à main gauche une collection de bijoux, parmi lesquels on remarquera le chapeau et les épaulettes du prince de Brunswick. Les épaulettes et l'ornement du chapeau sont entièrement en diamants. Un brillant de 42 karats forme le bouton du milieu du chapeau; les deux autres gros brillants pèsent ehacun 20 karats. Les trois brillants ensemble représentent une valeur de 100,000 fr. Une parure en perles blanches, composée de deux bandeaux et d'une broche, attirera également l'attention. La broche porte la plus grosse perle blanche, pendeloque connue. Des fleurs artificielles d'une grande perfection, et des gants de la maison Alexandre se trouvent derrière les bijoux. Le reste de la vitrine est occupé par des nécessaires, des boîtes à toilette, des bronzes, des ivoires sculptés, des sachets de parfumerie, des perles fausses, des porte-cigares en argent massif, des groupes en biscuit, poupées, etc.

La papeterie de luxe y est représentée par des portefeuilles, des buvards et autres objets de petite maroquinerie. Deux cadres contiennent des assortiments de beaux papiers de fantaisie.

M. Jeanselme occupe le trophée suivant. On y voit d'abord une armoire porte-fusils en bois de chêne, avec des attributs de chasse sculptés dans le bois. Deux chiens en grandeur naturelle aux angles se font remarquer par le fini de l'exécution. Le meuble coûte 1,200 fr. et est acheté par l'Empereur. Un grand buffet de bois noir, orné de bronze doré, occupe le milieu ; à main droite, une armoire du style de la renaissance avec incrustation de marbre attirera les regards.

Le canapé (4.000 fr.), le fauteuil (2,000 fr.), et la chaise (800 fr.), en bois sculpté et doré, sortent également de chez M. Jeanselme, qui s'est élevé de la condition de simple ouvrier dans le faubourg Saint-Antoine à celle d'un des premiers fabricants de meubles de Paris, occupant 300 ouvriers.

L'usine Tronchon, qui fabrique de ces chaises et de ces bancs élégants de fil de fer que l'on voit aux Champs-Élysées et à l'intérieur du Palais, a exposé en face des échantillons de sa spécialité, c'est-à-dire des corbeilles, des vases, des kiosques et d'autres ornements de jardin, en fil de fer.

Le trophée de M. Barbedienne qui suit, contient des bronzes d'art de cette maison renommée, parmi lesquels on remarquera, au fond, une reproduction de la élèbre porte du Baptistère de Florence. Des deux côtés de la porte, on voit des trépieds porte-lampes d'après l'antique, d'une grande beauté ; sur le devant deux statuettes, d'après Michel-Ange, l'une représentant Moïse, l'autre Laurent de Médicis, du prix de 1,100 et 800 fr.; l'Esclave, également d'après Michel-Ange (750 fr.) ; au fond, la Pénélope de Cavelier ; Laocoon et autres statues célèbres de l'antiquité, réduites d'après le procédé Collas. Parmi les autres objets nous citerons encore un très-élégant brûle-parfum, style byzantin, d'un très-beau travail, et deux amphores dont l'une, appelée amphore-hirondelle, est très-remarquable par le fini du travail, très-difficile à cause de la petitesse de l'oiseau. On remarquera la finesse de l'aile. L'autre est appelée l'Envie. Un serpent est enroulé autour de la branche qui la supporte, et un autre serpent repose au milieu de l'intérieur. Ces deux amphores sont de M. Cahieux. Sur le plafond, sont suspendus des lustres très-élégants de bronze et de cristal, et, au fond, on voit un crucifix également en bronze qui est une copie exacte de celui de Hallegard, qui ornait la chapelle du cardinal Fesch.

En face de Barbedienne, se trouve un autel en marbre blanc fait par M. l'abbé Choyer d'Angers. Un bas-relief représente l'hommage de tous les siècles à la sainte Vierge. Des peuples accourent de tous côtés à la statue de la sainte Vierge, et à leur tête l'empereur Napoléon et le Pape. On se rappelle que l'Empereur a envoyé, il y a quelque temps, l'image de la Vierge à la flotte française dans la mer Noire. C'est cet acte pieux que rappelle l'inscription : *l'Empereur à la flotte d'Orient.*

M. Tahan, le célèbre fabricant de coffrets et de jardinières en bois sculpté, représente l'ébénisterie et la tabletterie fine de Paris. Une bibliothèque élégante en bois de thuya d'Algérie, richement sculptée et ornée, forme le fond de la loge. A droite, devant cette bibliothèque, un élégant prie-dieu en bois de chêne, d'un style très-pur. A gauche, une armoire en chêne sculpté attirera le regard. Le panneau du milieu est revêtu d'une peinture en mosaïque de bois représentant un héron. Le devant est occupé par ces élégants coffrets qui sont la spécialité et la gloire de cette maison.

On a placé en face de ce pavillon et au milieu du transept une volière très-élégante en bois de chêne sculpté, entourée de vases de fleurs, soutenue par des pieds contournés tout en bois, et remplie d'oiseaux exotiques qui partagent le succès avec la volière.

Les fabriques de verrerie et de cristal de Baccarat, Saint-Louis, de Clichy et de Paris, composent le trophée suivant, avec des petits verres mousseline, grandes coupes rouge et or, rouge et vert, longs vases, etc. L'exquise élégance des formes en fait un des principaux mérites. Baccarat présente une superbe coupe en cristal; Saint-Louis, un narghilé de cristal, or, rouge et blanc, puis une coupe émaillée, un coffre et deux larges coupes imitant l'agate, puis enfin trois grands vases à fond opale ; Clichy, un plat à couvercle, vert tendre, avec quatre peintures en médaillons.

Mais les pièces capitales sont : deux lustres candélabres d'une dimension colossale (plus de cinq mètres de hauteur), de la fabrique de Baccarat. Le pied du candélabre est octogone; chaque pan a, dans sa partie inférieure, 50 centimètres de largeur, ce qui donne à la base un développement de 4 mètres. Une sorte de contrefort d'une seule pièce, recourbé en dessous et se terminant en feuilles dentelées, à la partie supérieure, soutient l'ensemble du palmier d'où se détachent des feuilles. Les porte-bougies se composent d'un faisceau de branches et de pièces de toutes formes; ils ont une circonférence de plus de cinq mètres. Le haut des candélabres est formé d'un panache de cristal qui retombe de tous les côtés.

En face, se trouve une statue de bronze de M. Ferrat, fondue par M. Vittoz : la *Chute d'Icare.* On remarquera que toute la statue repose sur le haut de l'aile droite.

On a placé derrière cette statue un petit étalage contenant des statuettes, lampes, candélabres, vases, etc, d'une composition de métal qui imite parfaitement le bronze, et qui rend ces objets accessibles à toutes les classes par la modicité de son prix.

La chaire hollandaise à laquelle est adossé cet étalage est très-remarquable par les belles sculptures en bois dont elle est ornée ; mais ce qui attire surtout les visiteurs, c'est une petite vitrine entourée d'une barrière en fer, au milieu de laquelle brille de tous ses feux le diamant connu sous le nom de l'Étoile du Sud. Cette pierre précieuse a été trouvée par une esclave au Brésil, et pesait à l'état brut 254 carats. Après avoir été taillée à Amsterdam, elle ne pèse plus que 127 carats et demi ; elle est plus considérable que le diamant appelé Kohinor qui figurait à l'exposition de Londres, et qui n'a que 122 carats, mais elle est inférieure au Régent, dont le poids monte à 136 carats. Sa valeur est de 7 millions environ. M. Halphen, qui l'expose, a placé au-dessous un fac-simile de ce diamant à l'état brut, et d'autres pierres précieuses, ainsi qu'une tournaline, un chrysolite brut, une topaze cristallisée, une agate brute et plusieurs diamants bruts qui proviennent des mines de Bagazem en Brésil.

Les dentelles de M. Lefebure, qui lui ont valu la grande médaille de Londres, occupent le trophée suivant. Au milieu, est un grand châle en point d'Alençon noir, choisi par Sa Majesté l'Impératrice à la suite d'un concours. A gauche, une robe tunique avec des volants en point d'Alençon blancs, destinée, dit-on, à l'impératrice d'Autriche ; et, à droite, une aube. En bas, se trouvent deux mouchoirs très-élégants, l'un fabriqué à Alençon, l'autre à Bayeux, tous les deux avec le même point, afin qu'on puisse en comparer l'exécution. Sur le côté droit, on trouvera une toilette tout en dentelle faite au fuseau, et, sur le côté opposé, les armes impériales entourées de fleurs en point d'Alençon en relief, nouvelle invention de Bayeux.

On a placé en face des dentelles un autel en marbre blanc qui ne présente rien de remarquable. Derrière cet autel, on a formé dernièrement un petit carré, dont le milieu est occupé par un très-beau vase oblong de bronze, exposé par M. Ringuet Leprince. Les parois sont ornées de bas-reliefs d'après Clodion, représentant des Tritons et des Naïades. A main droite, M. Duvelleroy a placé ses éventails. Celui du milieu offre les portraits de la reine d'Angleterre, du prince Albert, et la famille royale, peints à l'aquarelle.

GALERIES DU REZ-DE-CHAUSSÉE

Pour pouvoir examiner les galeries du rez-de-chaussée de la manière la plus efficace, nous prierons le lecteur de redescendre la nef jusqu'au trophée de musique. Ici nous entrerons dans les carrés qui se trouvent derrière les trophées dont ceux-ci forment ordinairement la tête. Pour que le lecteur puisse facilement se retrouver, nous indiquerons les numéros des colonnes entre lesquelles se trouve chaque carré.

Premier carré.

L'Imprimerie impériale occupe le premier carré derrière les trophées de musique. Cet établissement de l'État, dirigé par M. de Saint-George, a exécuté pour l'exposition universelle un livre très-élégant, avec ornements en or et en couleur, *l'Imitation de Jésus-Christ;* c'est-à-dire le même livre par lequel elle fut inaugurée plus de deux siècles auparavant (en 1640). Ce beau livre se trouve au milieu sous verre; mais l'employé qui se trouve là montre avec beaucoup d'affabilité au visiteur ce chef-d'œuvre de la typographie moderne, dont nous allons donner quelques détails.

Le volume se compose de deux parties, le texte latin, et la traduction française. La *première partie* est le texte latin, dont les ornements imprimés en or et en couleurs sont faits avec un luxe et une perfection remarquables. Ils se composent d'un faux titre général, un titre avec huit figures en miniature, son encadrement, quatre faux titres, quatre têtes de livre, cent dix têtes de chapitre, soixante petites vignettes, trois cents lettres ornées et cinquante-six culs-de-lampe.

Pour obtenir les matrices et les planches nécessaires à l'impression de ces divers ornements et éviter les clichés ordinaires, qui n'arrivent pas à un degré suffisant de précision et de finesse, l'Imprimerie impériale a employé la galvanoplastie. Les ornements du texte ont nécessité la gravure de soixante-quatre planches présentant une surface de 6 mètres carrés. La production, par voie galvanique, de ces ornements, a donné pour résultat trois cent cinquante planches d'une superficie totale de 36 mètres carrés et d'un poids de 310 kilogrammes. Décomposés par la mise au tirage, ces cuivres ont fourni trois mille deux cent quarante motifs, dont un grand nombre occupent plus d'un quart de la page.

A l'impression, les faux titres, les têtes de livre et les têtes de chapitre ont donné lieu à sept tirages; chacune des autres pages, à six; l'encadrement du titre, à huit, et les huit petites miniatures, à vingt-quatre. Ces miniatures avaient donné à la décomposition trente teintes différentes. Cette ornementation est due au talent de trois artistes : M. Steinheil, pour les miniatures; M. et Mme Toudouze, pour les ornements divers.

La deuxième partie est la traduction française de Corneille. La diversité des mètres que Corneille a employés dans sa traduction de l'Imitation de Jésus-Christ a ajouté une difficulté à toutes celles qui provenaient d'un temps trop court pour l'ornementati on de cette deuxième partie du livre. Ici, aucun ornement ne pouvait être dessiné à l'avance, parce que la longueur des lignes était constamment variable, et que les marges changeaient d'étendue ou d'aspect à presque toutes les pages. Il devait résulter de là des retards inévitables, puisque le dessinateur, au lieu de s'abandonner à son inspiration, était obligé de marcher avec la composition, afin d'harmoniser ses dessins avec la physionomie de la page où ils devaient figurer. Cette circonstance n'a heureusement rien arrêté, et la double combinaison du dessin des ornements avec la composition a pu se continuer sans qu'il en résultât des inconvénients sérieux.

La traduction française est ornée de dessins gravés sur bois et imprimés en noir. Ces dessins présentent les nombres suivants :

1° Un grand titre et cinq faux titres :

2° Quatre grandes planches ayant pour sujet : *La Samaritaine ; — Laissez venir à moi les petits enfants ; — la Femme adultère ; — la Communion*, et quatre encadrements pour ces divers sujets ;

3° Cent quatorze têtes de chapitre ;

4° Cent quatorze lettres ornées ;

5° Et environ cent culs-de-lampe.

Le papier très-épais et très-nerveux, adopté pour l'impression de ce livre, et qui avait été spécialement fabriqué par MM. Blanchet et Kléber, de Rives, se prêtait d'autant moins à l'impression des vignettes sur bois, que le tirage devait se faire presque à sec, et que dès les premiers foulages les reliefs auraient été altérés par une trop forte pression. L'Imprimerie impériale a obvié à ce grave inconvénient en employant le moulage galvanique.

Trois artistes ont concouru à l'ornementation de cette traduction : M. Steinheil pour les quatre grands sujets, M. Gaucherel pour le dessin des autres ornements, et M. Lavoignat pour la gravure sur bois. L'Imprimerie impériale expose de plus :

Une collection de poinçons, de matrices, de caractères français et étrangers ;

Son spécimen typographique :

Une série de tableaux-spécimens ;

Plusieurs volumes de la collection orientale et une centaine d'autres volumes ;

Des cartes géologiques et géographiques gravées sur pierre et coloriées par impression ;

Diverses applications industrielles de l'électricité à la production des poinçons, matrices, ornements, etc.

Différents genres de reliure ;

Et enfin, de petits modèles d'appareils pour le séchage, l'impression, etc.

Parmi les poinçons, on remarquera :

Un caractère maghrébin,

Un caractère telougou,

Un caractère ninivite,

Un caractère éthiopien, gravés par M. Marcellin-Legrand ;

Des caractères hiéroglyphiques, gravés par MM. Delafond et Ramé fils ;

Un caractère siamois,

Un caractère d'inscriptions latines, gravés par M. Lœuillet ;

Un caractère de grec moderne,

Un caractère d'inscriptions grecques et latines de la décadence, gravés par M. Ramé père ;

Un caractère grec, gravé sous François 1ᵉʳ par Garamond, et que l'on désigne sous le nom de *grec du roi*;

Un caractère arabe, gravé, sous Henri IV, par les soins de Savary de Brèves ;

Parmi les matrices :

Un échantillon de groupes chinois tirés sur des gravures en bois ;

Un corps de palmyrénien et un corps de phénicien pris sur l'alphabet unique, en plomb, que possédait l'Imprimerie impériale.

On y voit des échantillons de quarante langues orientales et de presque tous les types européens. Beaucoup de livres imprimés dans ce grand établissement ornent les vitrines, et les cartes géographiques le pourtour de cette loge.

Parmi elles on remarquera sur le derrière, un fragment de la carte détaillée de la France nouvelle, carte topographique dressée par le corps d'État-major.

Ce fragment comprend sept départements qui occupent le nord de la France. Les tableaux d'assemblage des cartes géologiques de la France et de la Belgique, la carte géologique des Vosges et celle de la Côte-d'Or, présentent tous les genres de difficultés : tirage multiple ayant atteint jusqu'au nombre cinquante et un sur une même feuille, et formats de papier de la plus grande dimension.

Voici maintenant un aperçu du prix de revient de ces cartes coloriées par l'impression :

Le Tableau d'assemblage de la carte géologique revenait à 21 francs par exemplaire pour le tirage et le coloriage à la main ; les dépenses de même nature étaient de 45 francs pour le Tableau d'assemblage de la carte géologique de la Belgique. La minute du fragment de la carte géologique détaillée de la France a coûté 140 francs.

Par le procédé de coloriage par impression, et pour un tirage de cinq cents exemplaires, le Tableau d'assemblage de la France revient à 3 fr. 50 cent., et celui de la Belgique à 8 francs. Le prix de revient de la Carte détaillée de la France suivra la même proportion.

Il est résulté de cet abaissement de prix que la vente du Tableau d'assemblage de la carte géologique de la France a dépassé *trois mille exemplaires*, depuis cinq ans ; elle avait été seulement de *deux cent cinquante exemplaires* tant que cette feuille était coloriée à la main. On est donc autorisé à dire que ce tableau est maintenant entré dans le domaine de l'instruction publique.

Nos lecteurs ne liront pas sans intérêt les détails suivants sur cet établissement, que nous empruntons à une brochure distribuée, au Palais de l'Industrie, aux visiteurs, et qui nous a fourni tous ces détails curieux :

« L'Imprimerie impériale occupe quatre-vingt-quatorze presses typographiques à bras, quatorze presses mécaniques mues par la vapeur, vingt presses lithographiques, une pour la taille-douce, et deux presses hydrauliques pour le satinage, l'une ayant une pression de 300,000 kilogrammes, et l'autre de 150,000. Elle emploie à son exploitation environ 804,500 kilogrammes de caractères, et conserve annuellement dans sa réserve plus de 15,000 formes, composées dans toutes les dimensions, pour les besoins instantanés des diverses administrations générales. Ces formes représentent un poids d'environ 450,000 kilogrammes de caractères.

« Son cabinet des poinçons possède, pour la typographie étrangère, 1° cent quarante corps de caractères ou alphabets différents, formant 18,412 poinçons et 29,937 matrices ; 2° 217,786 poinçons chinois, parmi lesquels se trouvent deux corps, gravés anciennement, au nombre de 126,590 groupes en bois.

« Quant à la typographie française, elle se compose de 85 corps de caractères romains, dont 28 de nouvelle gravure, qui donnent en totalité 27,014 poinçons et 48,728 matrices.

« La valeur du matériel de l'Imprimerie impériale

était estimée, au 1er janvier 1854, à plus de 3,000,000 de francs. Les ateliers sont vastes, sains et bien distribués. Ils se divisent en fonderie, composition, impression, séchage, satinage, assemblage, réglure, pliure, brochure, reliure, lithographie, réserve, etc. Ils occupent un nombre permanent d'environ 1,000 ouvriers et ouvrières, qui, après trente années de service, ont droit à une pension payée par la caisse des retraites de l'Imprimerie impériale, dont la création est due à l'Empereur Napoléon Ier. »

Autour de l'Imprimerie Impériale se sont rangés les principaux imprimeurs et libraires de France. En face d'elle, nous voyons Mame, de Tours. Dans sa vitrine, on remarquera un beau livre in-quarto, *La Touraine*, exemplaire unique sur peau de vélin, tiré à la presse mécanique.

Firmin Didot frères ont étalé à côté leurs belles éditions, parmi lesquelles on remarquera celle des classiques latins.

Claye a dans sa vitrine des spécimens de gravures sur bois imprimées à la mécanique, de toute beauté, qui font partie de ses belles publications, le *Museum de Rome* et l'*Histoire de la peinture*.

En continuant à main droite, nous passons devant M. Furne, qui a exposé entre autres un beau livre in-folio, intitulé les *Vierges de Raphaël*, avec des gravures représentant les tableaux de ce maître. L'élégante case à côté est à M. Paul Dupont. Au milieu, on voit une pièce remarquable. C'est Guttenberg, l'inventeur de l'imprimerie, d'après la statue connue de David d'Angers, exécuté par Victor Moulinet avec de simples filets d'impression.

Deux autres curiosités flanquent ce chef-d'œuvre d'habileté et de patience ; ce sont les reproductions lithographiques de deux chartes sur papyrus, conservées aux Archives, et dont celle à main gauche est de

4.

Clotaire III (658), concernant une concession de quelques villages au monastère de Saint-Denis ; celle à droite est une bulle de Nicolas Ier (865), pour la confirmation des priviléges de Saint-Denis, adressée à Charles-le-Chauve. Sur le bas, se trouvent un modèle de presse et une mécanique à rogner (*à couper*) le papier, inventées par des ouvriers de la maison Dupont.

Des belles reliures en ivoire, argent, bois et nacre de M. Belin-Leprieur se trouvent à côté. On remarquera celle en nacre, avec le portrait de Notre-Seigneur. Les éditeurs J. Renouard et C° se rangent à côté avec leurs éditions, parmi lesquelles on remarquera l'*Histoire des Peintres de toutes les Écoles*, illustrée de magnifiques gravures sur bois..

On admire, dans ces volumes, la beauté du caractère et du tirage des planches. Seulement, nous paraît-il, on devrait aussi trouver, à côté des noms des éditeurs, ceux des graveurs et des imprimeurs par lesquels le livre a été fait, qui nous semblent avoir au moins un mérite égal à celui des éditeurs. Ceci s'applique en général à tous ceux qui étalent et se glorifient des œuvres des autres, sans même nommer ces derniers.

M. Lehuby, à côté, montre des reliures un peu arlequines, qui cachent probablement les éditions de cette maison.

M. Didier a exposé dans la vitrine suivante les éditions des œuvres des premiers écrivains contemporains de France, tels que MM. Cousin, Villemain, Guizot, Salvandy, etc.

Le coin est occupé par MM. Lorilleux père et fils, qui ont exposé des spécimens des encres typographiques qu'ils fabriquent. M. Derriez nous montre à côté de belles épreuves de caractères typographiques, des vignettes, et des types de caractères d'imprimerie.

Nous passons devant une porte, et nous arrivons à M. Silbermann, de Strasbourg, qui nous montre de très-belles impressions en couleur ; l'ancienne bannière, au milieu, et les vitraux de la cathédrale de Strasbourg, aux côtés, sont d'une grande perfection.

Les fondeurs typographes Laurent et Deberny, de Paris, ont rangé à côté des échantillons de leur fabrication. Suivent M. Leclere, l'imprimeur du pape et de l'archevéché de Paris ; M. Langlois, avec de belles planches d'histoire naturelle et de botanique ; M. Dalmont, avec des gravures d'architecture et de mécanique ; et M. Lortie, avec des reliures de luxe, qui se distinguent par la simplicité et le bon goût.

M. Masson expose à côté son édition du *Règne animal*, par Cuvier, dont les planches séparées se trouvent autour. Ses planches d'anatomie, au côté, à main droite, sont très-remarquables, et celles en relief ou superposées doivent faciliter l'étude de l'anatomie. M. Daly montre de belles gravures de la *Revue de l'architecture*. MM. Roret, Maison, Garnier, Delalain, Guillaumin et Amyot, exposent les livres édités par eux. Viennent les éditeurs de musique : Schonenberger et Heugel. Ce dernier a entre autres un album très-élégamment relié qui porte l'inscription : *Album artistique de la reine Hortense*.

Parmi les reliures de M. Lenègre, à côté, on remarquera en bas un in-folio rouge avec fermeture d'acier d'un bel effet. M. Lévrault, à côté, a de belles cartes géographiques, et M. Curmer, termine le cercle des reliures de luxe, parmi lesquelles on remarquera celle du *Livre de famille* de madame la comtesse douairière de Sainte-Aldegonde, ornée de petits médaillons de porcelaine avec peinture, et celle, au-dessus, de l'*Histoire naturelle* par Cap. Deux anges ornent le milieu des arabesques dorées qui couvrent les deux couvercles.

Deuxième carré

ENTRE LES COLONNES 7 ET 10.

Ce carré contient principalement les reproductions réduites et augmentées des œuvres de la sculpture en plâtre et autres matières, sculptures sur bois., plâtre, etc., imitations de fruits, de sculpture, etc., objets de fantaisies.

En entrant par la nef à côté du trophée de M. Plon, nous tournons à droite où nous trouvons devant nous une vitrine étroite bien remplie de fruits imités en cire, de M. Barrois à Meaux. La pomme cuite, en face du visiteur et le melon nous paraissent les mieux réussis, ainsi que les deux moitiés d'une pêche.

Un panneau avec sculpture en bois pour ornement architectural, de Hardouin, à Paris, se trouve à côté.

M. Thierry, à côté, fabrique des cadres de papier et de carton pour les artistes, ce qu'il appelle *encadrements artistiques*. Le petit cadre à côté et à main gauche, est plus digne de remarque, car il contient des camées et des petites têtes servant d'épingles, très-bien sculptées, par M. Pline, graveur. Une cheminée, tout en bois, se trouve ensuite sur notre chemin, richement dorée, imitant le marbre d'une manière assez imparfaite.

M. Beauplan, fournisseur officiel de Leurs Majestés l'Empereur et l'Impératrice et du prince Napoléon, a exposé des médaillons contenant les portraits de Leurs Majestés, de Napoléon Ier et Marie-Louise, de la reine Victoria et du prince Albert, et enfin du prince Napoléon.

Viennent, une seconde fois, les fruits imités, mais cette fois-ci, ils sont en carton-pierre, matière qui ne paraît pas se prêter si bien que la cire à ce genre de reproduction. Entre autres cependant, les poires sont très-bien réussies. Un médaillon, portant les têtes de Napoléon Ier et de Marie-Louise, de la même matière, se trouve encore dans les œuvres de M. Louesse.

M. Sorly, doreur du ministre d'État et de la maison de l'Empereur et des fabriques impériales de Sèvres, des Gobelins, etc., a exposé entre autres, à côté, un beau bénitier en style gothique, avec le Christ au milieu. Les deux lustres, aux côtés, ont une forme bizarre, mais nouvelle. Différents cadres d'un beau travail sont étalés sur la table au-dessous de ces objets.

La Vierge et les deux anges, que nous trouvons en continuant, sont en carton-pierre, ainsi que les autres ornements d'église qui entourent ces objets, exposés par M. Solon, qui a mis au bas de son exposition un livre rempli de sculptures reproduites par la photographie.

M. Heiligenthal, à côté, emploie une matière un peu différente pour des objets pareils ; il l'appelle mastic-pierre, et en fait de très-jolies choses, auxquelles il donne parfois l'aspect de métal, comme on le voit pour le petit Christ placé au milieu sur la table.

Nous passons devant l'entrée entre les colonnes 7 et 8, et nous trouvons encore des ornements d'église ; mais cette fois la matière qui les compose est encore plus curieuse que celle des précédents. C'est la sciure de bois qui constitue la pâte qui a servi à former la statue de la Vierge avec l'Enfant Jésus, et les autres ornements que nous trouvons dans l'exposition de M. Hugon-Roydor.

Une grande loge tapissée de papiers peints en relief d'un bon effet et imitant la sculpture sur bois, se présente à nous au milieu du panneau que nous passons en revue. Deux portes également couvertes d'arabesques et d'ornements en relief, sont adossées au mur, et, devant elles, deux chaises dans le même genre. Tous ces arabesques et ornements sont en cuir, et sortent de la fabrique de cuirs en relief de M. Dulud. D'après lui, le cuir remplacerait le bois sculpté, avec un avantage de 200/000, en présentant la même solidité.

Un tableau formant écran, à main gauche, fait de découpures aux ciseaux en papier et en cuir, par Mme la comtesse de Dampierre, attirera l'attention des visiteurs. Ce paysage, avec ces arbres et plantes de papier, le cadre dont les guirlandes de feuilles et de raisin sont découpées en cuir, témoignent d'une grande habileté et d'une incroyable patience.

Passons devant une autre sortie, et nous avons devant nous un panneau de bois avec un petit groupe sculpté dans le bois, représentant Bacchus enfant, d'une bonne exécution, de M. Groset.

M. Courquin nous montre au-dessous ses travaux de sculpture en nacre. Parmi les différents objets, on remarquera au milieu un petit médaillon avec le portrait de l'Empereur, un aigle planant sur sa tête, et, aux côtés, ceux portant les têtes de l'Impératrice et du prince Napoléon, tous sculptés en nacre.

Un grand panneau portant le Christ en grandeur naturelle et entouré d'ornements en carton-pierre, destiné à la coupole d'une église, est exposé par M. Tirant.

Après avoir passé la porte, nous nous trouvons encore une fois devant l'œuvre d'une dame, qui réclame autant de patience et peut-être autant d'habileté que celle de Mme la comtesse de Dampierre. Ce sont des fleurs en coquilles naturelles, faites par Mme Rossi de Toulon. Les fleurs les plus variées, de la petite marguerite jusqu'au camélia, sont imitées avec du coquillage ramassé au bord de la mer, et dont la couleur naturelle a servi à varier à l'infini les couleurs de ces trois bouquets.

MM. Marcq et Coütan, fabricants de moules pour do-

reurs, ont exposé de beaux échantillons de leur industrie, de plus deux Indiens en plâtre peints et bien exécutés.

Une vitrine remplie de bustes se trouve à côté. Les
bustes sont faits de sulfate de chaux blanc et rose.
L'exposant a mis à côté des bustes un échantillon de
sulfate de chaux naturelle, pour montrer les variations
que celui-ci a subies avant de remplacer le plâtre ou
le marbre. Au-dessous, on voit des gravures sur métaux reproduites par la galvanoplastie, par M. Gruaz.

Nous arrivons à la Société des Arts Industriels. On
connaît depuis une quinzaine d'années le moyen de
reproduire par des procédés très-simples, inventés par
MM. Collas et Sauvage, les œuvres de sculpture dans
toutes les grandeurs voulues, c'est-à-dire augmentées
ou réduites, mais toujours mathématiquement, c'est-à-
dire sans changer ni détails ni proportions. La Société
des Arts Industriels expose de ces reproductions. Nous y
voyons entre autres les bustes en plâtre de Mansard,
l'architecte du Louvre; Lebrun, peintre; Corneille,
Crébillon et autres, d'après les originaux dont la plupart se trouvent aux foyers de nos théâtres. Un beau
bas-relief suspendu au-dessus de ces bustes montre
une réduction très-bien réussie.

La glace à côté montre par son cadre le procédé
d'ornementation de M. Dupin, au Conservatoire des
Arts et Métiers. Ce cadre, comme les petites plaques
pour portes, au-dessous, paraît une peinture sur porcelaine. Le petit dôme à côté, avec la Vierge au milieu, de M. Boucarut, est en plâtre doré. Des échantillons de gravures, dont la moitié est nettoyée tandis que
l'autre moitié est laissée dans son mauvais état, montrent l'habileté de l'exposant dans le nettoyage des
vieilles gravures.

Le grand bouquet suspendu et sous verre de
M. Crière, d'une très-belle et très-habile exécution,

nous paraît fait de cire rouge. Une petite vitrine au-dessous et tout près d'une porte renferme de jolies sculptures sur bois de M. Planson. Le petit miroir, les boîtes, la reliure, tout fait honneur à cet artiste.

Des échantillons de bronze et de plastique religieuse de M. Pillioud, et une grande vitrine, se trouvent devant nous en continuant notre tournée. Celle-ci est remplie d'objets sculptés sur bois, que connaissent tous ceux qui ont voyagé en Suisse. De simples paysans de l'Oberland bernois transforment par leur grande habileté des morceaux de bois en groupes délicieux de chamois, de chèvres, etc., construisent de petits modèles de châlets, et font des statuettes et autres objets sculptés, qui sont emportés par les voyageurs dans tous les coins du monde. C'est cette industrie, dont la maison Wirth, à Brienz, en Suisse, expose les plus beaux échantillons. On remarquera surtout au milieu le beau cadre qui entoure la glace, et, au-dessous, la Cène, d'après la célèbre fresque de Leonard de Vinci, et, aux côtés, les deux cerfs coupés d'un seul bloc de bois.

Des cadres de glaces en verre de M. Mercier, nous arrivons à une petite collection de moulures en plâtre d'objets d'histoire naturelle, faites par M. Stahl, mouleur au Jardin des Plantes, composée de trois bustes de la galerie d'anthropologie et de reproductions de mollusques et de leurs parties. On remarquera, à main droite, comme échantillon de précision de son moulage, la reproduction en plâtre de papier filigrané et de morceaux de linge, dont on voit chaque fil pour ainsi dire.

Un moulage d'un autre genre vient après, c'est celui à la gélatine, de M. Vincent, qui a exposé de jolies petites moulures de tableau en argent repoussé et autres. M. Marchi nous montre des reproductions en plâtre des œuvres de sculpture, la Léda de Pradier et autres.

M. Dufailly expose de belles reproductions en plâtre des œuvres de Mène et Cain (animaux) ; Vuillièrme, des objets de fantaisie en albâtre, parmi lesquels on remarquera une belle petite toilette, une pendule, et un groupe de deux chiens.

Le milieu du carré est occupé par une reproduction de la Vénus de Milo du Louvre, par M. Sauvage, l'inventeur d'un des procédés de reproduction dont nous avons parlé plus haut. Cette Vénus est augmentée de moitié, tandis que la même statue se trouve de beaucoup, diminuée sur le devant. L'exposant nous avertit que la statue équestre de l'Empereur Napoléon dont nous avons parlé plus haut, qui se trouve à l'entrée est du Palais, a été reproduite par le même procédé à 3 mètres 20 c. de hauteur, d'après le modèle aux Beaux-Arts qui n'a que 1 m. 45 c.

A main droite, on s'arrêtera devant un beau coffre à bijoux, sculpté en os. Huit cariatides artistement taillées soutiennent le couvercle très-richement orné d'arabesques également sculptées sur l'os, et surmonté d'un beau groupe représentant une femme faisant sa toilette. Ce coffre, ainsi que le beau médaillon, au dessous, est de M. Moreau, sculpteur.

M. Deaure a exposé, à côté, ses médailles reproduites par la galvanoplastie.

Le doreur du mobilier de la couronne, M. Dumont Pettrelle, suit avec quelques échantillons de dorure et un tableau sculpté sur bois et préparé pour être doré à l'eau.

Le bénitier, également sculpté sur bois, par M. Froyer, se distingue par sa simplicité et le parfait de l'exécution.

M. Blaid, de Dieppe, a exposé un Christ d'un beau travail, valeur 4,000 fr., et d'une composition inédite, et d'autres objets en ivoire. M. Wolf, de Paris, a aussi un Christ et une Descente de croix et le manche d'un fouet, très-artistement sculptés sur ivoire.

Nous retrouvons les travaux remarquables de M⁻ᵉ de Dampierre en continuant ; car nous nous trouvons encore devant ses découpures aux ciseaux en papier et en cuir. On verra avec plaisir le petit médaillon de fleurs, admirable de finesse, d'exécution. Des écrans découpés et des tentures de cuir imitant le cuir de Cordoue couvrent les pans de la loge dans laquelle M. Massonet a placé les médailles frappées en l'honneur de l'exposition, et que l'on vend dans l'intérieur.

En face de cette loge, il y a des gravures pour boutons et cachets qui témoignent de la grande habileté des graveurs de Paris. Au milieu de ces gravures, on en remarquera une grande de première communion, composée par le P. Martin et gravée par M. Oudiné, graveur de la Monnaie impériale.

La médaille est de grand module.

A l'endroit, le Sauveur du monde est debout sous un tabernacle. Il tient d'une main le calice et de l'autre le pain eucharistique. Deux jeunes enfants viennent de s'agenouiller à ses pieds. Le plus petit des enfants a un ange qui voit la face du Père céleste. Au dessus du jeune garçon et de la jeune fille, de grands palmiers. Au plan inférieur, deux colombes venant s'abreuver à une source jaillissante.

Au revers, se dresse un trône sur lequel on voit l'Évangile ouvert.

Des deux côtés du livre, des flambeaux symbolisent la lumière répandue par l'Évangile dans les âmes.

A côté, il y a une reproduction d'un bas-relief en ciment romain, de la fabrique de MM. Rozet et Menisson. Ce ciment est propre à la construction architecturale et à la restauration. De l'autre côté, une Descente de croix en relief, d'après le célèbre tableau de Rubens, du même ciment.

La boîte à bijoux, en bois d'ébène, de M. Menisson, arrêtera le visiteur un moment, par son élégance et sa belle disposition. Les bordures de vigne et les pieds sont ciselés en argent. Le groupe qui la surmonte représentant un enfant combattant un dragon, est sculpté en bois de poirier, et les panneaux sont en acier gravé à l'eau forte et incrustés d'or. Le prix de cette boîte est de 2,000 francs. Un autre coffret à côté, composé de mosaïque et de marqueterie en bois et nacre incrusté, est d'un très-bel effet. A l'intérieur, on remarquera des fleurs très-bien faites en éolide. M. Gamet, chef d'atelier, a fait ce coffret, ainsi que le petit modèle d'autel en menuiserie, composé, dessiné et exécuté par lui en 1845, âgé alors de dix-sept ans seulement.

Nous nous trouvons maintenant, en continuant, devant les fruits imités en marbre, de M. Carrette, pour servir de serre-papier et pour étagère. Un grand temple en pâte au coin, est exposé par M. Linder-Geofrien, fabricant de pastillage. Des colonnes portent une coupole, surmontée d'une figure allégorique représentant la France debout sur le globe. Sur la frise, on lit ces inscriptions : *Aux arts, à l'agriculture, au commerce et à l'industrie.* De petits tableaux correspondant à ces inscriptions se trouvent au-dessous. Au bas des colonnes, des médaillons contiennent ces noms : *Homère, Arétin, Raphaël, Phidias ; Smith, Parmentier ; Lafitte, Ternaux ; Guttemberg, Papin ; Archiméde, Pythagore.* Un retable sculpté en bois avec une petite statue de la Vierge, de M. Knecht, se trouve à côté. Suit une grande vitrine de fruits imités, en une nouvelle composition, et de petits modèles de cathédrales et d'un village près de Bourg et de Toul, très-bien exécutés en coquillages. Les fruits en marbre de M. Carette terminent l'entourage de Vénus de Milo. En face du retable de M. Knecht, nous voyons une cheminée toute en glace, le foyer non excepté, de l'invention de M. Luce. Ces glaces résistent naturellement à l'action du feu, et doivent augmenter son éclat. A main droite de cette cheminée, on remarque un très-beau modèle d'une grande pièce d'orfèvrerie, dite surtout de table, et qui est une allégorie de la Paix. La Paix est debout sur le globe, tenant de la main gauche un glaive brisé, et élevant de l'autre main la palme de la paix. Dans les quatre angles on voit des figures charmantes représentant le Commerce, l'Architecture, l'Art et l'Industrie. En bas, sur les quatre côtés, quatre jolis groupes d'enfants représentant la Pêche (en face), la Vendange (à main gauche), la Récolte (à main droite) et la Chasse (derrière). Ce beau morceau est fait par M. Vidal, modeleur.

Le petit modèle d'église, de M. Vincent, à côté, est d'un beau travail, ainsi que les objets en albâtre de M. Evrard, parmi lesquels une toilette sculptée avec des figures très-gracieuses, du prix de 800 fr. deux petites statuettes et la corbeille à fleurs seront remarquées. On s'arrêtera devant le beau bouclier repoussé et devant les fleurs en bois sculpté de M. Lagnier.

Vient le musée pomologique, c'est-à-dire encore des fruits imités, cette fois-ci en cire-pierre, de M. Montels, capitaine en retraite à Toulouse, parmi lesquels le melon, les cerises, et quelques pommes paraissent les mieux réussis. MM. Boulet et Durand montrent à côté de très-jolis encriers et des boîtes en bois sculpté, et M. Faure termine notre tournée dans ce carré avec des Christ très-bien exécutés en bronze et en bois.

Nous sortons dans la nef pour entrer dans le

Troisième carré

ENTRE LES COLONNES 10 ET 13.

Celui-ci est exclusivement occupé par l'industrie parisienne, et spécialement par la papeterie, l'ébénisterie fine, les ouvrages en peau, les nécessaires, etc. La célèbre papeterie Maquet, de la rue de la Paix, se trouve à l'entrée à main droite. Elle expose entre autres des buvards de grande beauté et élégance. Celui à main gauche, orné d'une plaque à jour dorée et gravée et d'un médaillon avec peintures sur porcelaine au milieu, vaut 250 fr. ; un autre en chêne sculpté, orné au milieu d'un ours, et dans les coins, de chiens argentés, est de 300 fr. Parmi les objets de papeterie en bas, on remarquera un très-bel encrier également en bois sculpté. M. Henri a des coffrets et des boîtes ornées d'acier poli et damasquiné, dont une très-belle au milieu.

M. Gênes expose des porte-monnaies, porte-cigares, cornets, etc., faits de plaques de bois, ou de cuir verni avec quadrillage écossais.

Son voisin, M. Garnier, des porte-cigares, boîtes, etc., en bronze doré, et deux jolis vases fond bleu ornés de bronze doré.

Une grande armoire en bois sculpté, de M. Viardot, est placée au milieu. Les petits enfants, en haut, qui se penchent sur le bord pour prendre un nid d'oiseau, sont charmants de grâce et de légèreté. Les étagères à fleurs, aux côtés, sont également très-bien réussies.

Theret a exposé, à côté, des mosaïques en relief sur pendules, boîtes, etc., et un morceau de malachite employé à ces mosaïques.

La vanneterie de luxe de M. Camaret arrêtera les dames, qui admireront, entre autres, la corbeille magnifique de fil d'argent, ornée de dorures et de pierreries.

Suivent les bronzes et la papeterie de M. Asse; au milieu la statue équestre de Napoléon Ier, d'après Marochetti, et, aux côtés, de très-beaux chevaux arabes en bronze.

MM. George et Cᵉ montrent des objets assez curieux. Vous voyez un tableau en face de vous, l'exposant l'ouvre, et vous êtes surpris de le voir changé en étagère remplie de verres, de bouteilles, de services de thé, etc. Des boîtes se changent, par une petite mécanique, en porte-cigares avec les accessoires pour fumeur. Vous ouvrez une boîte à flacon, et les flacons sortent tout seuls.

M. Massé-Boulanger, son voisin, a une cave à liqueurs, qui renferme, outre les objets qui lui valent cette désignation, des cartes et des marques à jouer, du tabac, des pipes, des cigares, et jusqu'aux allumettes.

Becker et Otto ont de très-belles caves à liqueurs et à odeurs, dont quelques-unes de bois des îles.

Celle du milieu, en forme de globe, est de leur invention et garantie par la commission impériale contre la contrefaçon (cette garantie remplace le brevet d'invention pour le temps de l'exposition).

M. Stegmuller a des paniers à ouvrage (cabas), et M. Delcourt des bijoux dorés et de belles boîtes d'un très-bon goût.

Nous passons devant une porte et nous arrivons aux boîtes pour parfumerie fine, dont surtout celle du milieu mérite l'attention du visiteur. Gelée frères montrent leur gaînerie (boîtes pour bijoux, couteaux, etc.) inaltérable à l'air, au soleil et au gaz, en émail, en porcelaine pour étalage.

Parmi les objets d'ébénisterie et de marqueterie de M. Audot, dans la vitrine suivante, on voit, en haut, un beau dessus de table en mosaïque. Les fleurs au milieu, les oiseaux bleus et la guirlande qui l'entoure, sont très-bien exécutés, ainsi que les nécessaires et les trousses de voyage, etc. Ses marqueteries lui ont valu la médaille de prix à Londres.

Les nécessaires de voyage de MM. Midocq et Gaillard sont très-élégants et très-riches, surtout celui du milieu.

Kapp et Staudinger ont, entre autres objets, des nécessaires, des boîtes, des caves à liqueur, etc., ornés d'incrustations de porcelaine d'un très-joli effet.

La fabrique de gaînerie de M. Huet expose ses produits à côté. M. Huet vient avec ses bourses, ses poches et ses gibecières d'un travail irréprochable.

M. Muller, doreur sur cuir et étoffes, montre des porte-monnaies et des portefeuilles avec dorure sur cuir.

La fabrique spéciale de coffrets de M. Tahan, a, entre autres, un très-beau coffret doré, orné de bardes d'acier d'un très-joli effet et surmonté d'un médaillon, avec le portrait de l'Empereur et de l'Impératrice tenu par deux anges debout. En bas, il y a trois autres médaillons avec Napoléon Ier, Joséphine et Marie-Louise. Sur un autre coffret, dans le haut, on voit la façade principale du Palais de l'Industrie.

M. Fenoux nous montre, parmi ses portefeuilles, la reproduction du portefeuille serre-lettres en peau rouge, surmonté d'un aigle de Napoléon Ier.

M. Maréchal, qui a une fabrique spéciale de caves à liqueurs, et de porte-huilier (pour l'huile et le vinaigre de table), expose ses produits.

Un nouveau système de serrure pour porte-feuilles est exposé à côté par M. Classex. Il consiste à embrasser le haut du portefeuille dans toute sa longueur, au lieu de le faire seulement au milieu par une petite serrure.

Les coffrets de Tahan, en bois de rose, etc., dont nous avons vu les objets principaux dans la nef, sont suivis par l'exposition de M. Aucor, qui fabrique les pièces d'argenterie et d'orfèvrerie pour nécessaires et expose de beaux échantillons ; on remarquera surtout le déjeuner, un nécessaire, et, à main gauche, un lavabo devant une glace dorée.

MM. Felix et Sormani, qui suivent, ont de beaux nécessaires et des caves à liqueurs.

Après avoir passé une porte, nous trouvons les produits de M. Schlose, c'est-à-dire des cercles et cadres (fermetures) en acier pour porte-monnaies, arrangés de manière à former une grande porte avec deux portes latérales. Dans la vitrine de M. Henry, artiste peintre et bijoutier en acier, sont exposés des objets ornés de métaux damasquinés par un procédé dont la base est l'électricité, des acides et autres substances. Des parties composant un chapeau de femme, en face du visiteur, en acier fondu trempé, sont très-bien faites, et ne pèsent ensemble que 34 grammes (prix : 70 francs). Au-dessous on voit un buvard avec le portrait de l'Empereur damasquiné ou gravé, toujours d'après le procédé de l'exposant, du prix de 275 francs. MM. Laurent et Leruth ont des nécessaires et des trousses de voyage d'une belle fabrication, qui leur a valu à Londres la médaille de prix.

On remarquera surtout un beau coffret en bois de rose avec incrustations d'écaille, de nacre et d'ébène, et un autre à gauche en ébène avec incrustations de nacre et de cuivre doré, ainsi que celui à droite en bois de citron.

En face et au milieu du carré, nous voyons les objets en bois sculpté de M. Guerret, étalés sur trois tables, de jolis petits miroirs, des boîtes, des étagères à fleurs, etc. Le petit oiseau mangeant un lièvre sur la boîte à droite est charmant ; les ailes sont d'une légèreté et d'un fini parfaits. En bas sur la même boîte on remarquera encore un renard guettant des perdrix. Une grande corbeille de mariage, à l'extrémité droite, se distingue par le parfait de l'exécution et l'élégance du style ; elle est surmontée de deux oiseaux se becquetant.

Le côté droit de ce carré du milieu est occupé par un joli bureau de bois de rose (vieux style) garni de bronze doré, et une table ornée de marbre et de bronze, de M. Dupont.

A main droite, une très-jolie garniture de cheminée,

en marbre et bronze doré. Ces deux candélabres sont placés sur des piédestaux ; la pendule est supportée par deux figures debout, représentant la Musique et l'Architecture.

Au troisième côté du carré du milieu, MM. Goebel et Martin ont exposé différents petits meubles et boîtes. La grande boîte au milieu en bois d'ébène, a des garnitures en bronze doré, qui ne sont pas tout-à-fait dignes d'une boîte si élégante, dont le prix est de 2,500 francs. La petite boîte sur le devant et à droite est ornée de peintures à l'huile sur soie fixée sur verre, du prix de 650 francs ; une autre à côté en bois d'ébène est ornée de jolies petites statuettes dans les niches des coins. Le pupitre à gauche, orné d'incrustations de nacre, vaut 310 francs.

Le quatrième côté du petit carré est occupé par des corbeilles à ouvrages, des vases pour fleurs, des nécessaires marquetés, etc. Une cave à liqueurs à jour, sur une toilette en bois de rose, attirera les regards, ainsi que les petites tables à ouvrage, également en bois de rose, ornées de peintures sur porcelaine. MM. Schglose frères, dont nous avons examiné la vitrine en face, ont exposé ici un sac de voyage qui cache tout un petit magasin, car il renferme une table à jeu ployante, une trousse complète, une cafetière, un buffet et un compartiment pour vêtements.

Le milieu du troisième carré est constament assiégé par la foule, quoiqu'il n'y ait ni chef-d'œuvre de l'industrie ni objets rares. C'est l'exposition de jouets d'enfants, qui amuse les petits et les grands, car ici on voit un singe jouer de la guitare, là un lapin battre le tambour, des poupées danser toutes seules, et la chèvre bêle et fait en public ce que l'homme et le chat font le plus clandestinement possible. Au côté droit, il y a des pendules ornées de fleurs et d'oiseaux imités. Les oiseaux voltigent d'une branche sur l'autre, un autre boit de l'eau qui coule à ses pieds ; tout cela à la mécanique. Le reste est rempli de poupées, de mannequins, de berceaux pour poupées, etc.

Le troisième petit carré à côté nous ramène aux petits meubles de luxe, et nous avons sur le devant une belle collection de M. Giroux, le même qui a exposé la splendide volière que nous avons vue dans la nef. Une volière plus petite et moins splendide, quoique très-jolie, orne le milieu de cette exposition, dans laquelle on remarquera encore, à main droite, un écran superbe avec tableau, peint par Gabé d'après Vatteau. Mais la pièce capitale est le jeu d'échecs, au milieu sur sa table d'ébène, avec compartiments pour les pièces (d'échecs) ; les figures du jeu représentent les Croisés d'un côté, et les Sarrazins de l'autre, très-finement exécutés ; on voit sur les boucliers de quelques-uns des Croisés l'aigle russe. Cet anachronisme est dû à cette circonstance, que le jeu et sa table ont été commandés par une dame russe, qui désirait naturellement avoir les armes de sa patrie sur un jeu de luxe, qui ne coûte pas moins de 12,000 fr.

A droite, il y a un très-joli garde-bijoux, style Henri III, orné de pierres fines, parmi lesquelles du lapis-lazuli, du malachite et un beau grenat en bas. Il contient des cachets magnifiques, un, entre autres, représentant Jeanne d'Arc, ciselé en argent, d'un très-beau travail et du prix de 260 fr. ; un postillon, 400 fr., etc.

Le côté droit contient une table en mosaïque de marbre et un beau bureau marqueté de M. Sormani, et une corbeille de mariage, ou boîte à châles, très-élégante. Sur une table en bois de rose, ornée de bronze doré, de M. Peret, M. Audot a exposé, au troisième côté, la même table en mosaïque de bois que nous avons vue dans sa vitrine, et qui vaut 1,500 fr. Il a, de plus, à main droite, un beau bureau de dame en bois de

thuya d'Algérie, surmonté d'une pendule du prix de
3,200 fr. Le milieu du quatrième côté est occupé par
une superbe boîte à châles en palissandre et bois de
rose, marquetée à l'intérieur comme à l'extérieur, sur
une table également de palissandre et de bois de rose,
valant ensemble 6,000 fr. Le bureau du même bois, à
droite, orné de peintures sur porcelaine, vaut 1,800 fr.;
et la jolie petite table à ouvrage, au fond, ornée également de peintures sur porcelaine, 500 fr.; tous ces
objets sont exposés par M. Gradé.

Quatrième carré

ENTRE LES COLONNES 13 ET 15.

Le quatrième carré derrière le trophée de verrerie
est occupé exclusivement par les verres et les cristaux,
qui se distinguent surtout par la grande variété des
formes.

MM. Mougin frères, des Vosges, sont les premiers
que nous trouvons en tournant comme toujours à droite,
qui nous montrent des verres fins moulés et taillés.
Les cristaux de Lyon et de ce département de la Meurthe
sont à côté. M. Beker, du dernier département, expose
des tableaux gravés sur verre dans la manière de li-
tophanes. La Descente de croix, d'après Rubens, est
très-bien réussie, ainsi que les portraits de Napoléon Ier,
Napoléon III et l'Impératrice Eugénie. MM. Burgun,
Schwerer et Ce ont dans leur collection deux beaux
vases de grande dimension, en blanc de lait; à gauche,
et tout près de la porte, les verres de lunettes et verres de montres d'une très-belle qualité.

Les cristalleries et les verreries de Pantin (département de la Seine), ont parmi leurs objets deux vases
très-élégants blanc et bleu, et à côté, on voit un lion
en grandeur naturelle, avec un grand boa constrictor
(serpent); les poils du lion, les écailles du serpent,

et toutes les fleurs autour, sont en verre, et exposés
par M. Lambourg, de Saumur. A côté, MM. Moussier et
Bouland exposent des lunettes à double foyer de leur
invention, pour voir de près et de loin, sans aucun
mouvement ni changement de lunettes. Une vitrine à
côté, renferme une très-belle corbeille remplie de
fleurs en émail et différents petits objets tout en verre,
et faits à la lampe, par M. Pilon, sourd-muet, qui n'a ja-
mais fait d'apprentissage, et qui a inventé une partie
des outils dont il se sert. Les petits médaillons de fleurs,
la pensée au fond, exciteront l'admiration du visiteur.

Les verreries et les cristalleries de Baccarat occupent tout le côté auquel nous arrivons. Une belle
coupe verte et dorée orne le milieu, et deux larges
coupes d'une grande élégance, les deux bouts; mais ce
qu'on remarquera le plus, sont les lustres suspendus,
d'une très-belle exécution, d'un très-joli effet, surtout
ceux en vert, rose et blanc.

MM. Launay, Hauten et C°, qui sont chargés de la
vente en gros des produits des fabriques de Baccarat et de Saint-Louis, ont leur étalage entre les
deux portes qui donnent sur le transept. On y distinguera la grande coupe bleue au milieu, avec riches dorures, et les deux grands lustres bleus aux coins.

Au milieu et en face de cette coupe bleue, est l'exposition de la cristallerie de Saint-Louis, entourée
comme le trophée au transept d'une balustrade en
cristal malachite, c'est-à-dire dont la couleur imite le
malachite.

Parmi sa belle collection, sont les vases couleurs lait
et rose, et lait et bleu, d'un très-joli effet, ainsi que les
deux grandes coupes en cristal sur socle rose. Deux
grands lustres vert et bleu ornent les coins.

Le côté droit du milieu est occupé par MM. Beaux,
Duhoux et C°, qui exposent les articles courants de
leur fabrique.

La cristallerie de Clichy (M. Maës) a le troisième côté, et nous montre parmi ses objets deux vases d'un bleu clair et deux autres vases bleu foncé, avec ornements de bronze doré, du prix de 4,000 francs. Nous avons remarqué aussi un magnifique service en cristal pour le vice-roi d'Egypte.

Le dernier côté du milieu est rempli de cristaux de la Villette (aux portes de Paris), parmi lesquels une grande coupe couleur rubis, au milieu. En regardant la couleur rubis, que l'on trouve dans toute la cristallerie française, on se rappellera ce que nous avons dit de cette couleur à l'endroit de la Bohême.

Cinquième et sixième carré
COLONNES 15 A 18.

Nous rentrons à la nef, pour arriver au cinquième carré qui se trouve derrière le trophée et les bancs qui entourent la fontaine. C'est l'orfévrerie française qui forme deux carrés séparés par l'entrée. Prenons comme toujours la droite, et nous trouvons d'abord l'orfévrerie d'église de M. Favier de Lyon, enrichie d'émaux et de pierreries. Le grand ostensoir au milieu est celui de la cathédrale de Lyon, et la crosse est celle de l'archevêque de cette ville, d'après le dessin de M. Dujardin.

Vient M. Marrel jeune, avec une grande variété de petits reliquaires émaillés. La pièce principale est une petite croix, style gothique, d'un très-bel effet; le pied est d'ivoire, les figurines en argent, la petite porte en or, avec incrustations en lapis. La croix est sculptée en bois, d'un travail parfait.

M. Rossigneux a exposé entre autres une coupe d'argent sculptée et ciselée, surmontée d'une allégorie représentant le Doubs (un fleuve); c'est un cadeau offert à l'ingénieur en chef du département du Doubs par le comité du chemin de fer de la vallée du Doubs.

M. Debain a de la belle orfèvrerie de table, huiliers, service à thé, etc., et M. Poussielgue-Rusand, orfévre-rie et bronzes d'église, imitation du treizième siècle. MM. Gerbaud et Thierry ont aussi des ornements d'é-glise ornés de pierreries ; dans la vitrine de celui-ci, au milieu, un grand ostensoir en vermeil, style gothique, orné de perles et de pierres précieuses, de la valeur de 4,000 francs.

M. Grichois a inventé l'orfévrerie dans l'intérieur du cristal, ce qui est d'un effet superbe. Tous les objets, dans sa vitrine, sont de cristal, dans lequel on voit des arabesques d'argent. Il paraît que ces arabesques sont entre deux verres.

M. Delajuveny suit avec son « argenture autogène, » ainsi appelle-t-il l'argenture à la feuille qu'il applique au bronze. La garniture de cheminée qu'il expose est argentée par ce procédé.

M. Dalaine a de l'orfévrerie de table en plaqué, entre autres une théyère oxidée, ressemblant au vieil ar-gent. Marrel aîné occupe la partie du devant qui donne sur l'entrée. On voit dans sa vitrine un très-beau bou-clier représentant le combat des Amazones, d'après Rubens. Parmi les autres objets, un grand service à thé, style oriental, relevé d'émail bleu du plus bel effet.

De l'autre côté, M. Durand, avec une des plus belles pièces de l'orfévrerie française. C'est une fontaine à thé très-élégante, modelée par M. Klagueman et exécu-tée dans les ateliers de M. Durand. C'est un membre de la famille d'Orléans, dit-on, qui a commandé cette pièce.

M. Fray expose de l'orfévrerie de table, où on re-marquera un magnifique plateau à riches dessins. Une très-jolie corbeille de fleurs est au milieu.

Cosson-Cerby a également des objets de table, ainsi que M. Thouvet qui termine ce carré. Dans la vitrine de celui-ci, on remarquera, à main gauche, un livre de messe avec quatre petits tableaux d'une exécution parfaite, produits par la galvanoplastie, et représentant 1° la naissance de Moïse, 2° Moïse descendant du mont Sinaï, 3° le baptême du Christ, et 4° la Descente de croix.

La première vitrine du deuxième carré de l'orfévrerie française est occupée par M. Rudolphi, dont la spécialité est l'imitation du vieil argent. Nous voyons au fond de sa loge un prie-dieu en émail style byzantin, doré et orné de pierreries, beaucoup d'objets de parure en argent mat, un guéridon à main gauche couvert de 97 émaux, représentant le Christ et les saints. Parmi les vases, on en remarquera un grand en forme de cruche tournant sur son socle, sur le devant au milieu. Ce vase en argent repoussé mérite d'être examiné. Il représente les Vices, conduits par la Fortune et la Misère. L'Orgueil à cheval ouvre la marche, l'Envie s'accroche à son manteau ; suivent l'Avarice, la Luxure, montées sur un bouc, la Gourmandise sur un porc, la Paresse et la Mort accompagnées par la Maladie à côté de laquelle le bourreau avec le glaive. La composition est de M. Chaume, et la ciselure de M. Poux, le prix 40,000 fr.

Prenons maintenant les vitrines à droite, avant d'examiner le milieu du carré, et nous trouvons d'abord la vitrine de M. Veyrat, dans laquelle un très-beau service et un coffre à bijoux en argent massif, de la valeur de 6,000 fr. M. Henry-Hayet a des sculptures pour orfévrerie, ainsi qu'un joli modèle de cadre de glace en cire, etc., et une très-jolie coupe à fleur, en argent massif. Au milieu, trois enfants soutiennent un trépied qui supporte la coupe. L'étrier de l'Empereur au fond est d'un très-beau travail. Jansse a des ornements d'église, Hébert de Rouen de l'argenterie, dont deux jolies corbeilles en cristal bleu garnies d'argent. Les ornements d'église de M. Baschelet à côté nous conduisent à la grande vitrine de M. Gueyton. Sur le haut, on voit le buste de l'Impératrice reproduit d'aprè: celui de M. Newerkerke, sans soudure, par voie électri que, d'un jet. A gauche, un Calvaire argenté égalemen par galvanoplastie, et plus loin un bouclier d'après l'an tique, prix 150 fr. En bas, entre autres épées, celle qui a été offerte par la ville de Montpellier au général Ros tolan, et une autre donnée par la garde nationale de Rouen au colonel Bligny. M. Léonard a dans une petite vitrine à côté, de très-jolis modèles en cire ar gentée pour orfévrerie, ainsi qu'un cerf, un renard, un dromadaire, etc. En face, nous trouvons M. Lebrun avec un beau service de table, style Louis XVI, moulé et ciselé. M. Wiese est à côté ; dans sa vitrine on voit entre autres à main gauche, un très-beau vase en ar gent mat avec un très-beau bas-relief représentant l'enlèvement des Sabines. Bacchus forme l'anse, et de petits Centaures entourent le pied. Au fond et au-dessus un bouclier en plâtre dont le sujet est pris dans l'Arioste, et à gauche un lavabo en cire dont le pot représente la ronde de Willis. Nous passons encore une fois devant M. Rudolfi pour trouver de l'autre côté du carré les objets de Casses, parmi lesquels un beau coffret à bijoux, et en haut un seau à champagne imitant des stalactites de glace. Un grand bouclier en bas représente la chasse. Un chasseur est debout au milieu, tenant un chien au lacet. Autour, le sanglier, le cerf et le renard poursuivis par des chiens ; le tout est d'un très-beau travail et vaut 3,500 fr. A côté, il y a un très-joli service de thé en vermeil, en argent doré et parsemé de petites marguerites, de M. Gallot, du prix de 6,000 fr. et les ornements d'église de M. Trioullier, parmi lesquels un très-grand ostensoir orné de figures, parmi lesquelles les quatre évangélistes assis en bas aux quatre coins. Sortons sur la nef pour entrer dans le

Septième carré

ENTRE LES COLONNES 18 ET 20

En regardant derrière le trophée de cette industrie, entre les colonnes 20 et 18, on remarquera à l'entrée et à main droite, parmi une collection de statuettes en biscuit, de M. Jacob, deux paysans d'un mètre de haut, très-joliment faits, et deux charmants petits trompettes. A côté, MM. Lahoche et Pannier, avec une très-belle coupe en rubis, au milieu, achetée par l'Empereur, et au-dessous une garniture de cheminée, composée d'une pendule sur un vase de cristal bleu, de 1,400 fr., et deux candélabres de bronze doré également sur vases de cristal bleu, à 900 fr. De plus, de belles peintures sur porcelaine, ainsi que la Niobé du Corrège, des femmes se baignant, etc. Les groupes en biscuit, de M. Capoy, sont charmants, surtout les deux amoureux du milieu.

M. Mansard fils a de très-jolis vases ornés de peintures, et Jouhanneaud et Dubois, de Limoges, entre autres très-jolies choses, la reproduction (en plus grand) de deux pots, que nous avons vus sur le trophée de la nef. On verra encore avec plaisir, sur le haut, des oiseaux de biscuit, très-bien imités.

Sur l'étalage de M. Rihouet, on remarquera un beau dessert, à jour, style Pompadour, dont chaque assiette coûte 50 à 60 fr., un beau médaillon avec le portrait de l'Impératrice, et un tableau sur porcelaine représentant Raphaël peignant son célèbre tableau de la Vierge à la Chaise.

M. Finet a de très-jolies imitations de Chine, et Meyer, dont nous avons vu deux vases grandioses sur le trophée de la nef également, des imitations de vases du Japon et de Chine, d'une composition inventée par lui, qui imite parfaitement la porcelaine, et rend les objets moins chers et moins fragiles. Ainsi, les vases bleu et

or en haut ne coûtent que 200 fr. et les cornets 100 fr.
seulement. — A côté, se trouve M. Ernie, avec un beau
vase orné de peintures (la Maîtresse du Titien). Fleury
a un très-joli buste de l'Impératrice, en biscuit, et un
joli petit groupe en biscuit représentant la Fête du Vieil-
lard. Celui-ci est couronné par des jeunes filles charmantes. A côté de ce groupe, on verra des groupes en
miniature d'une très-belle exécution. — M. Macé
expose à côté des objets dorés et peints d'après un nouveau procédé à lui, qui doit avoir pour résultat une
économie de 50 0/0. — M. de Bettignies, qui termine le
pourtour, a de jolis vases et une jolie peinture sur
porcelaine, représentant sainte Cécile. — En face, et
au milieu, se trouve l'exposition de M. Honoré, dans
laquelle on voit un très-beau tableau sur porcelaine, au
milieu, les Vendangeurs en Italie, d'après l'original de
Robert au Louvre. Deux grands vases de forme étrange,
et de couleur framboise, à côté, sont ornés du chiffre
impérial, ainsi qu'un très-beau service en bas.

Le côté droit du carré du milieu est occupé par
M. Falmours, qui a un très-joli service bleu orné de
portraits historiques, tels que l'Impératrice, la reine
d'Angleterre, Marie-Antoinette, Madame Adélaïde, etc.
Quelques belles imitations de Chine et un très-joli petit
groupe, à main droite, une Mère avec ses Enfants,
complètent cette collection. M. Gille (deuxième côté),
a, au milieu de sa loge, la statue de la Vierge (l'Imma-
culée-Conception) d'après Murillo, en faïence, en grandeur naturelle, d'une très-belle exécution, prix 1,800 fr.;
un Cerf blessé à mort, également en grandeur naturelle,
à gauche, de 2,000 fr. ; un faisan doré, 125 fr., et des
oiseaux en relief, le tout d'une facture irréprochable.
De jolis petits groupes ornent les extrémités de la loge ;
à gauche, les Animaux et une Bacchante; à droite, le
Combat de cailles, 90 fr.; le Premier pas de l'Enfance,
74 fr., et au fond, l'Amour faisant forger ses flèches, 67 fr.

M. Boyer occupe le dernier côté du carré intérieur, avec des vases, etc., parmi lesquels les deux, au milieu, valent 4,000 fr., et appartiennent à l'Empereur. Mentionnons encore une belle jardinière.

Huitième carré

ENTRE LES COLONNES 20 A 28.

Revenons encore dans la nef, pour entrer dans les carrés de bronze, derrière le trophée de cette industrie, et nous trouvons des pendules et des vases dans le style byzantin, ornés d'émaux à froid, à la manière des anciens. M. Lechêne a une jolie glace et deux groupes: l'Enfant défendu par le chien contre un serpent, et le Serpent tué. — M. Susse, dont nous avons vu quelques bronzes dans la nef, a ici le buste de l'Empereur, et des garnitures de cheminée, dont une pendule ornée du joli groupe, la Bacchante jouant avec Bacchus enfant. De charmantes petites statuettes entourent ces objets. On remarquera l'Apollon du Belvédère, en miniature, Diane à la biche, etc. M. Raulin Bigot a parmi ces groupes et statuettes une Vénus à la coquille (800 fr.). M. Alix a des groupes charmants, ainsi que les deux groupes d'Enfants avec un Chien, à main droite; M. Daubrée, entres autres, l'Aigle et le Vautour se disputant une proie; l'Esclave avec l'enfant du jeune maître; jeune garçon portant une jeune fille, etc. Nous passons devant une porte et nous arrivons à l'étalage de M. Delafontaine, où nous voyons entre autres une garniture de cheminée au milieu, une belle pendule, avec le groupe qui surmonte le grand portique de l'entrée du Palais de l'Industrie, la France distribuant des couronnes à la Science et à l'Industrie.

M. Mignot expose des bronzes d'art et de fantaisie, parmi lesquels des lampes et des chandeliers, style oriental, d'un très-bel effet. — Griegnon-Meusnier a des pendules, des vases de porcelaine garnis de bronze, etc. — M. Depensier, un très-joli groupe, petit Faune traîné par un tigre en voiture poussée par des enfants. La roue du chariot sert de cadran. Une autre, dans le même genre, à côté, est traînée par un bouc ; de très-beaux porte-lampes (trépieds), au fond, et des garde-feux en bas. — M. Bonnote a une garniture de cheminée très-originale. C'est du bronze imitant le bois, avec du feuillage d'un très-heureux effet. Les candélabres forment des arbres, avec des nids d'oiseaux ; un renard en bas s'apprête à monter pour les chercher. — M. Faye a, au milieu de son exposition, une très-belle garniture de cheminée, avec un groupe historique. C'est le comte de Soissons blessé à mort à la bataille de Sedan. Les deux candélabres représentent Henri, duc de Guise, à gauche, et Frédéric de la Tour-d'Auvergne, duc de Bouillon, à droite. Cette garniture vaut 1,200 fr. — On remarquera encore en bas un joli encrier, des enfants pêchant au filet.

Dans la porte que nous rencontrons, nous voyons, M. Rollin, avec une très-jolie pendule en marbre, et en face, M. Gautier, de beaux candélabres sur vases imitation de Chine. — M. Servant a des garnitures de cheminée en bronze doré, ainsi que M. Bonnote. — Sur l'étalage de M. Bertault, on voit entre autres sur le bas deux chandeliers couleur vert-de-gris, qui nous paraissent très-jolis. Une tortue forme la base. Un héron est debout sur son dos, et porte dans son bec un serpent qui porte à son tour le porte-bougie : le prix est de 70 fr. On y remarquera encore l'Aigle terrassant une hydre. — M. Mercier, à côté, a des pendules en bronze doré dont celle à gauche représente une Nymphe arrachant les ailes à l'Amour endormi dans une fleur. M. Weygand a parmi ses bronzes d'art, du côté de la porte, deux charmantes statuettes, représentant les enfants de la reine Victoria, l'un en grenadier, l'autre en matelot. Sur le devant, il a de jolies garnitures de cheminée en porcelaine et bronze doré. M. Barye a de très-jolis groupes d'animaux, ainsi que le cerf et le tigre sur une pendule, en haut, le tigre et l'alligator à droite, l'alligator et sa proie en bas et à gauche, le chat et le coq au-dessus.

En face et au carré du milieu, les bronzes de M. Marchand, parmi lesquels deux statuettes, le Tireur à l'arc et le Frondeur, de belle création. Deux candélabres formant branches remplies de raisin sur le devant sont d'un très-bel effet. — M. Buignier, au côté droit, a un nécessaire de bureau en bronze, à rotation, et mobile. L'encrier, le sablier etc., sont suspendus et peuvent être mus sans se renverser.

Le deuxième côté du milieu est occupé par M. Raingo, dont nous avons vu également des objets dans la nef. Ici, il y a un très-beau vase, sur piédestal orné de malachite, de 1,100 fr., et deux vases carrés de 900 fr. la pièce. — M. Noël, à côté de lui, a parmi ses charmants petits objets un coffret au milieu, et des groupes, le Chien debout sur de la volaille, deux chandeliers où un oiseau tient la bobèche, une plume blanche, à laquelle se cramponne un petit Méphisto, une vieille sorcière tenant une bobèche et servant de chandelier ; à gauche, un petit enfant endormi dans sa chaise, ses jouets en main. — M. Lévy expose entre autres deux grandes lampes de porcelaine montées, de bronze doré, ornées du portrait de Marie-Antoinette, 850 fr. ; et un lustre en porcelaine et bronze de 1,750 fr. M. Grivot a encore de très-jolies petites choses, un Page debout, tenant une oriflamme à la main : au milieu, une chaise et un prie-dieu. Deux casques de chevaliers sont [devant lui par terre ; les deux casques servent d'encrier, tandis que la chaise cache des allumettes ; le prie-dieu est une sonnette, et la tête du page un cachet : le prix est de 80 fr. Une voiture chargée, au-dessous, est encore un encrier, ainsi que la Boutique du Saltimbanque, qui cache en outre une musique: prix 450 fr.

Le dernier côté de ce carré est occupé par M. Lerolle, avec une grande figure debout tenant une coupe d'après l'antique, au milieu, un beau lustre orné de raisin en verre, des pendules, etc.

MM. Miroy frères ont, au milieu, une très-élégante corbeille de fleurs en bronze doré, sur un plateau également en bronze doré. Autour de ce plateau, on voit des chiens poursuivant du gibier, et, au milieu, les armes du prince Jérôme, à qui cette pièce appartient. La corbeille vaut 1,800 fr., et le plateau 1,200. — Parmi les statuettes, l'Amazone de Kiss, à gauche ; deux Porte-drapeaux, à droite. — Victor Paillard, à droite, a aussi de belles pendules et de beaux candélabres. Une petite statuette, entre autres, œuvre de M. Tannière, est très-remarquable d'exécution. — M. Lesueur, qui occupe le petit coin du côté suivant, a, parmi ces objets, un très-beau seau à glaces en forme de bocal, représentant une chasse indienne de sa composition. Un Indien debout surmonte le couvercle. Un autre est couché en bas ; la chasse est autour du bocal, et d'une exécution très-remarquable. Il vaut 1,000 fr. Son pendant a été mis dans le trophée de l'industrie de Paris. Un autre petit bocal ou verre, à main droite, est une imitation du modèle de Benvenuto Cellini du musée de Venise, de 180 fr. Tous ces objets sont en couleur vieil argent. M. Charpentier occupe le milieu de ce côté. On remarquera la Belle Jardinière ; au milieu, le Chasseur porte-lampe du haut, et les deux Guerriers franc et romain sur piédestal de marbre, à l'entrée. Parmi les plus petits objets de M. Perrot, àcôté, de petits pots étrusques, des coupes, etc. Le quatrième côté est à M. Labroue, avec une belle corbeille argentée, remplie de raisin, au milieu, de 2,500 fr. Parmi les objets d'art, le Lion amoureux, de Geef (1,500 fr.), et un très-beau vase de Ferrat, à main gauche; l'Amour tire sa flèche du haut du couvercle, les deux arcs sont formés par deux figures de femme, représentant l'Aurore; le pourtour porte des sujets antiques. Le prix est de 950 fr. M. Gaudin nous montre de très-jolis objets argentés par l'application métallique du platine sur métal par la voie galvanique, procédé de son invention.

M. Houdebine, le premier à main droite, a une très-jolie pendule, bronze doré, au milieu, représentant Diane; deux statuettes (Guerriers) argentées, à main gauche, et des médaillons.—A côté, MM. Delesalle et Cᵉ, où on voit un groupe avec l'inscription *Italie* qui est représentée par le général Bonaparte à cheval, sur un socle de marbre: dans les coins, des tambours et des trompettes donnent le signal de l'attaque. — M. Régent suit avec une très-belle pendule de bronze doré, représentant l'Amour qui vient, à droite, et l'Amour qui s'en va, à gauche. On remarquera encore en bas et à droite, un très-joli groupe représentant un dîner de Paysans en Italie. — M. Vauvray a une très-belle statuette de William Shakspeare couronné par le Génie, (1,200 fr.), et en bas une magnifique garniture de cheminée, composée d'une pendule et de deux candélabres. La pendule représente le Génie des Arts et de l'Industrie, appelant à l'Exposition universelle les cinq parties du monde. Au centre, le Génie, appuyé sur le livre de la Science, tenant en main des palmes, convie tous les peuples de l'univers à la lutte pacifique qui va s'ouvrir. Au côté gauche, est l'ancien

Continent. *Au premier plan*, l'Europe moderne, tenant en main la *Presse*, s'avance et amène à sa suite l'Afrique, encore enfant. *Au second plan*, l'Asie porte un brûle-parfums, emblème de l'Orient. Au côté droit, l'Amérique déroulant les trésors du Nouveau-Monde, et l'Océanie. A droite et à gauche, derrière les groupes, des proues de navires indiquant les rapports que les peuples sont parvenus à établir entre eux. Le bas-relief de la frise représente les travaux de l'Intelligence et les travaux manuels. Les deux candélabres représentent l'Art et la Science. Le tout est dessiné par Vauvray frères, sculpté par Jules Salmson.

Parmi les objets d'art d'une grande beauté, de M. Leblanc, on remarquera une très-jolie petite coupe, portée par un Faune chargé de poissons, et surmonté de Neptune. Un petit enfant à gauche, et un pèse-papier en bas, à droite, formé d'un lézard et de deux serpents, méritent encore l'attention.—M. de Sorcy a des garnitures de cheminée et quelques statuettes, parmi lesquelles, au bout gauche, la Méditation, figure assise, de Machault. — Dans la porte, M. Laquis, avec quelques marbres sculptés, dont l'Oiseau défendant son nid contre un Rat. En face, M. Samson, avec de jolies coupes en porcelaine, garnies de bronze doré, et de grands vases imitation de Chine servant de candélabres. — M. Fêtu a, entre autres, une très-jolie garniture de cheminée en bronze doré (style grec), ornée de chaînettes d'un très-joli effet. La Tragédie et la Comédie sont assises des deux côtés du cadran. — M. Sorel-Dona a des ornements d'église, et M. Gallois aîné, de l'autre côté de la porte, entre autres, deux jolies coupes, en bas, de 150 fr., et deux statuettes, en haut et à gauche, la Tragédie et la Musique, du prix de 50 fr. chaque. — MM. Duplan et Salle, très-belle pendule en bronze doré, au milieu, et des statuettes de Méphisto, et le Héron blessé, d'après M. Comoleyra. En face et à main gauche, M. Dardonville expose des lampes et des lustres. Mercure portant un flambeau qui sert de porte-lampe est très-beau. M. Gautier a un très-joli groupe au milieu de sa loge, et, aux côtés, le Faune dansant de M. Lequesne et une Femme portant un Faune. Un autre Faune dansant, d'après l'antique, au fond, à droite, sera encore remarqué. — Suit M. Boyer, avec une belle pendule surmontée d'un groupe représentant l'Industrie écrasant l'Ignorance, dévorée par l'Envie. La figure de l'Industrie est très-belle, mais le reste paraît trop embrouillé et trop surchargé. Les deux chevaliers qui gardent l'entrée sont charmants de composition et d'exécution. Dans son petit étalage, à côté, on voit une jolie petite statue de Béranger, et deux petites statuettes, la Chasse et la Pêche.

Graux-Marly occupe le deuxième côté avec de grands bronzes, parmi lesquels deux candélabres portés par des Indiennes sur un socle orné de malachite, du prix de 18,000 fr., et surtout un candélabre, très-pur de style, un trépied imité de l'antique, surmonté d'un Mercure, de 1,500 fr., et un grand vase à cactus, à droite, acheté par l'Empereur.

Au troisième côté, objets d'église, de M. Désiré, et pendules de M. Lemaire, dont celle du milieu de composition très-originale. Une Vénus avec un petit Amour se trouve debout dans une niche entourée de bobèches en bronze doré. — M. Pikard a une très-jolie pendule pour salle à manger, ornée de l'aigle impérial et de médaillons avec les portraits de l'Empereur et de l'Impératrice ; une pendule, sur le devant, en marbre, avec un groupe, une Mère caressant ses enfants, et les Chevaux de Marly. — Le quatrième côté est occupé par M. Marquis, avec de très-beaux lustres et candélabres.

Entrons en face.

Neuvième carré

Tournons à droite, où nous trouvons d'abord les chenets et les accessoires pour cheminées (pelles, pincettes, etc.), entre autres une très-belle garniture de foyer à main gauche, deux Guerriers assis, avec attributs de guerre, 550 fr. — M. Popon a des pendules et des lampes de porcelaine et bronze doré ; M. Bavozet, des pendules, dont une à droite surmontée d'un beau groupe de deux Cavaliers combattant ; et, à gauche, un modèle en bronze doré de la cathédrale de Reims, servant de pendule. — Sur l'étalage de M. Laureau, nous voyons deux lampes dont le piédestal, entouré de trois figures, représentant la Science, l'Industrie et l'Agriculture, est du prix de 150 fr. chaque. Parmi les petits objets, la statue équestre de Frédéric-le-Grand, de 40 fr., et quatre statuettes dont deux à gauche (argent oxydé), l'Europe et l'Asie, et, à droite, l'Afrique et l'Amérique, dorées. Ces quatre statues ont valu à l'exposant la médaille de prix à Londres. Son voisin, M. Lefêvre, a encore des imitations de bronze parmi lesquelles deux charmants petits groupes, la Chasse et la Pêche, 25 fr. les deux. — M. Moris fils, de qui sont les Chevaux de Marly que nous avons vus au transept, expose de grands bronzes, ainsi que l'Atalante de Pradier, 800 fr., la Bacchante de Clodion, 800 fr., et le Signal du Sabbat, de Faillot. — Ces petits objets charmants sont de la composition et de l'exécution de l'exposant, ainsi que l'Amazone, à gauche. — M. Kreisser a des porcelaines avec montures de bronze doré, entre autres un très-beau bureau et une table avec peintures sur porcelaine. — MM. Eik et Durand, dont nous avons vu à la nef plusieurs grandes pièces, ont ici le tombeau de la mère du roi actuel d'Espagne. — Parmi les objets qui entourent ce tombeau, on remarquera, à main droite, le Chasseur indien sur le haut, le Sanglier, le buste du Pape en bas, et, à gauche, celui du prince Napoléon, l'Enfant à la tortue, etc. — MM. Villemsens et Lethimonier occupent le coin avec des objets d'église. — Suivent MM. Leclercq : deux statuettes, l'Agriculture et le Commerce, 225 fr. chaque; — Zier, colonne de la place Vendôme, reproduite par la galvanoplastie, 1,000 fr.; — Poney, avec des objets de plâtre, couverts de bronze par l'électricité.

MM. Lionnet frères et Feuquières ont également des objets produits par la galvanoplastie. Au milieu de l'étalage du premier, on voit un grand plat représentant une scène de l'Enfer du Dante, par M. Garnier. — M. Gautier a des galvanoplasties sans soudure qu'il obtient par un procédé à lui.

M. Oudry expose des échantillons de tôles, couvertes par l'électricité d'une couche de cuivre pur, et un petit modèle en montre l'application à la doublure des vaisseaux. — M. Thiébaut nous présente des bronzes sortis du moule, et pas encore polis ni ciselés.

Au premier carré intérieur, en face, M. Lefèvre expose de très-jolis petits tableaux en relief produits par la galvanoplastie. — M. Pompon, à côté, a des lampes et des lustres très-beaux, et M. Bernard de petits objets en bronze, parmi lesquels un canon monté qui sert d'encrier, un Matelot avec le drapeau anglais sur un canot, et un Highlander en bronze doré, etc. — M. Morisot occupe le second côté du carré, avec des galeries de cheminée de beaucoup de goût et de variété. Le garde-feu en haut, en forme de queue de paon, s'ouvre et se ferme par un ressort. — M. Georgi expose des lampes au deuxième côté et un réflecteur diaphane, ne produisant pas d'ombre. — A. Rouy a quelques bronzes moulés par un nouveau procédé à lui. — M. Lacarrière, au quatrième côté, a encore des lampes de formes très-variées et très-gracieuses, ainsi que les deux lustres portés par des figures représentant le Soleil et la Lune. En face et au deuxième carré du milieu, les lampes de M. Hubert. — M. Focx a des objets d'église et M. Bogaert des pendules en zinc très-bien dorées, parmi lesquelles une représentant l'Amour désarmé, pour 500 fr., deux statuettes (la Chasse), 14 fr. pièce, qui imitent parfaitement le bronze.' — Miroy frères ont de très-jolis groupes et statues en zinc bronzé, ainsi que les bustes de la Reine et du prince Albert, Cérès et Pomone, etc. — M. Duchâteau a deux grandes statuettes, la Nuit et le Jour, 750 fr. la paire, Phidias, 100 fr., Michel-Ange, 55 fr., etc., en zinc galvanisé et doré. — M. Boy, une très-belle Espagnole en grandeur naturelle, assise ; le buste du général Petit, deux enfants charmants, etc., également en zinc bronzé. — M. Patural clôt les bronzes avec quelques objets d'une composition brevetée.

Derrière les carrés que nous venons de parcourir, se trouvent les galeries qui renferment les autres produits français exposés au rez-de-chaussée et placés sous la voûte. Pour y arriver, nous prions le visiteur de sortir dans la nef, de passer devant le trophée de Mulhouse, et de tourner à droite. — La première de ces galeries qu'il trouvera à sa droite contient à main gauche les chaussures françaises, bottes, souliers, bottines, etc., d'homme et de femme, en cuir, en étoffe, en soie, en satin, en velours, etc., simples, unis, ornés, brodés, etc. C'est une série de vitrines assez curieuses à parcourir de l'œil.

Les vitrines de droite sont plus ornées. Elles commencent par les boutons, cet article presque exclusivement spécial à la fabrique de Paris, boutons d'ivoire, d'os, de métal, d'étoffe, d'un nombre de trous plus ou moins grand, boutons frappés et estampés, spécialité tellement remarquable qu'une de ses fabriques du faubourg Saint-Antoine a été chargée, il y a quelques années, de frapper de la monnaie pour un gouvernement de l'Amérique du Sud. — Après les boutons, toujours à droite, viennent les éventails, encore une industrie où Paris est sans rival. On s'arrêtera avec intérêt devant ceux de Meyer et de Duvelleroy, noms européens. On remarquera, avant, des éventails en caoutchouc, puis des éventails en dentelle, exposés par Voisin, du goût le plus agréable, et enfin, devant, de charmants écrans de Vieniet.

Les galeries situées derrière celle-ci sont occupées par les draps et tissus de laine, et, tout-à-fait contre la muraille du Palais, par les peignages de laine.

En revenant dans la première, on continue à suivre, à main gauche, les chaussures ; à droite, on entre dans l'orfévrerie, après les éventails et les écrans. — L'exposition des orfévres principaux se trouvant tant dans le transept que dans les carrés qui correspondent aux trophées, nous n'aurons qu'à parcourir rapidement ceux-ci. Le visiteur s'arrêtera un instant devant l'exposition de Halcot, pour passer rapidement à celle de Lord qui expose des moules de cuillers et de fourchettes, puis des produits obtenus, enfin la série de fabrication des ustensiles de table en orfévrerie.

On entre alors dans l'orfévrerie plaquée et en alliages divers ; on trouve d'abord, toujours à main droite, l'exposition de l'*alphénide*, composition blanche, inventée par MM. Halphen, imitant bien l'argent ; puis de l'argent anglais exposé par Sonnois (composition de nickel), puis un ravissant service de dessert, fabriqué pour M. Magne, ministre des finances, et qui est un spécimen de l'application du cactus algérien à l'orfévrerie. Les fibres du cactus montées en argent offrent l'aspect le plus léger et le plus délicat.

De l'autre côté, à gauche, les chaussures font place à

l'exposition de Granger, armures, casques, cuirasses damasquinés, couronnes, trophée d'armes romaines, le tout orné de pierres fausses et destiné au costume ou au théâtre. — Viennent ensuite les jouets d'enfant, les masques, etc., parmi lesquels on distinguera Aubert, fabricant de jouets d'escamotage, et Lorbaud pour les jouets de ferblanc. Après les jouets, viennent les cannes, les ombrelles, les parapluies, les fouets, etc., puis les corbeilles de mariage, et la brosserie en général.

Revenus à nouveau dans la première galerie, nous trouvons à droite d'abord des chapeaux, puis de petits meubles, coffrets, etc., de fabrication parisienne, et enfin nous entrons dans la tabletterie qui occupe les deux côtés de la galerie. — Elle débute, à gauche, par la tabletterie d'ivoire de la ville de Dieppe, qui a pour ces objets une habileté traditionnelle. D'abord, nous citerons un beau Christ en ivoire sculpté, de Despoilly, puis un monument de 40,000 pièces d'ivoire et de bois, deux belles lampes d'ivoire sculpté, puis des feuilles d'ivoire coupé de grande dimension, une chapelle, etc., etc.

En face, se trouve la tabletterie de corne de buffle, d'écaille, etc., pipes, cuillers, chaînettes, tabatières, pommes de cannes et de parapluies, carnets de visite, etc., etc.

Derrière, on a placé la verrerie commune, le verre à vitre, les carreaux de toute sorte, les verres à cornue et à expériences, les grands étirages en spirale, les mouffles, les tubes de verre, les verres dépolis, etc.

Appliquée à la muraille, la corderie de marine et de travail occupe tout l'espace reculé de ces galeries, et s'étend jusqu'à la porte d'entrée réservée aux exposants.

Dans la première galerie, après l'exposition de la tabletterie, commence l'exposition fort intéressante de la photographie française.

Les expositions les plus remarquables sont dans le premier carré, sur le panneau à gauche, qui fait face au visiteur qui vient de l'ouest. Une magnifique vue des Arènes de Nîmes et une autre du Mont-d'Or, par Bisson frères; les photographies de monuments et de paysage sont exécutées sur grande échelle et réussies avec une perfection admirable. — Sur le panneau en face, se trouvent les photographies de M. Bayard représentant la Vénus de Milo, sous plusieurs faces. M. Bayard, qui est un des pères de la photographie, a déjà eu la médaille à Londres.

Dans le carré suivant, se trouvent les plus belles photographies de l'exposition française ; c'est une vue panoramique de la chaîne du Mont-Blanc, formée de la réunion de quatorze planches en un seul tableau. L'étendue, la limpidité, la parfaite concordance de ces épreuves est de l'effet le plus surprenant. — On remarquera ensuite de belles épreuves photographiques de Gérothwohl et Tanner de Paris, représentant des bustes de grandeur naturelle. — Dans le couloir qui sépare le second et le troisième carré de la photographie, on verra les épreuves de Tournachon et C⁰.

A la photographie succède l'imprimerie. On remarquera dans le panneau à droite les impressions en couleurs, entre autres celles de Chevreul, représentant 720 nuances, tirées de 4 couleurs mères. On remarquera un éventail bien réussi, fabriqué par ce procédé, et des vignettes, entre autres le portrait de Raphaël enfant. De là, on ira voir dans le panneau un bel Évangile, orné de vignettes ; puis dans le carré suivant, à droite, les gravures de Goupil et C⁰, au centre desquelles figure le bel hémicycle du Palais des Beaux-Arts, peint par Delaroche ; à droite de cet hémicycle, au bas du panneau transversal, est une épreuve de la gravure de la Smala d'Horace Vernet ; après, dans le même carré, des spécimens d'impressions au lavis.

Le couloir qui sépare ce carré du suivant renferme sur le panneau qui fait face au visiteur des fleurs découpées aux ciseaux avec un merveilleux talent par Mme la comtesse de Dampierre.

Les carrés suivants contiennent d'abord des spécimens de chromolithographie, en tête ceux de Graft, puis des cartes géographiques, puis enfin les expositions successives de la reliure et de la papeterie, au milieu desquelles se trouve une petite machine à fabriquer les enveloppes ; puis enfin des spécimens d'imprimerie de musique, qui terminent l'exposition de cette galerie.

Pour terminer l'exposition française du rez-de-chaussée, nous proposons au visiteur d'avancer jusqu'à la grande entrée du côté est, qui sépare la partie anglaise de celle de France. Dans cette grande allée qui mène de la porte est au transept, on a placé les marbres des deux pays. Les marbres français sont à main gauche. On y remarque, entre autres, une belle étagère de M. Géruzet à Bagnères-de-Bigorre, des colonnes et des tables en stuc de M. Crapoix à Paris, un haut-relief représentant Andromaque à la prise de Troie, de M. Lépine (15,000 fr), des objets de marbre de Corse, un bénitier de M. Rougemont, de magnifiques cheminées de M. Désauges, à Paris.

Derrière cette allée et parallèlement, se trouvent un grand nombre d'allées dont chacune est consacrée à une seule branche d'industrie. La première contient les corsets, les chemises et les cravates ; la deuxième et la troisième, les articles de la bonneterie; la quatrième, les vêtements d'hommes et les vêtements de théâtre ; la cinquième, les chapeaux de paille et de feutre, les coiffures et les perruques en cheveux ; la sixième, les chapeaux de pailles et les peignes; la septième, les cotonnades ; la huitième et la neuvième, les blanchisseries, apprêts et teintures ; la dixième, les tissages de coton du Haut-Rhin ; la onzième enfin, les manufactures diverses. Ces allées sont flanquées à droite et à gauche de deux autres, dont celle de droite ou du mur, contient des fourrures, des bustes en cire, des coiffures, des bretelles, des chapeaux mécaniques et des guêtres ; celle de gauche contient les vanneries, les plumeaux, les lacets et cordons.

A gauche de ces allées et formant angle avec elles, s'en trouvent d'autres occupant l'espace derrière l'Imprimerie Impériale et jusqu'au mur nord du palais. On y voit, en commençant par celles du devant, la brosserie, tabletterie et des éventails ; les reliures, cartons, livres et échantillons de fonderie typographique ; des papiers, étiquettes, devises, musique gravée ; des registres de commerce, cartes géographiques, encres d'imprimerie, etc. Parmi les cartes, se trouve un plan en relief du siége de Sébastopol, de M. Bauerkeller à Paris. Les allées du fond contiennent des broderies et des dentelles de Calais, des calicots, des mousselines, des tulles, des toiles, etc., de Colmar, de la Bretagne et de Laval, des cordages, etc., porcelaines, faïences et poteries ordinaires. En passant devant tous ces objets de moindre apparence, mais d'utilité générale, nous revenons à la grande entrée, où nous trouvons les objets de terre cuite dont nous avons parlé plus haut, et sur lesquels nous allons jeter un rapide coup d'œil en passant.

En tournant à droite, nous voyons, à l'entrée, les reproductions de monuments du moyen âge, de MM. Virebent frères, un grand portique roman, grandeur naturelle, et un petit portique composé de fragments du douzieme siècle. M. Graillon, à côté, a de jolis petits groupes, entre autres celui des Enfants jouant, des Groupes de Paysans, etc. Landais, à Tours, suit avec de très-belles imitations de Bernard de Palissy ; la manufacture de Voisinlieu, avec des pots, des vases, etc. de grès ; celle de Rubelles, avec des services, des pots, des vases ; et enfin, M. Barbizet, avec des imitations de Palissy, et une belle corbeille au milieu ornée de pêches et de prunes bien imitées.

En face de M. Follet, avec différents objets pour ornements de jardins et un vase, imitation de Chine, on voit des algarazzas ou vases à rafraîchir. M. Lancestre, à côté, a de très-beaux vases, imitation de Chine, d'un mètre et demi de hauteur, qui ne coûtent que 100 fr. pièce ; MM. Rieder et Chambridge, de la porcelaine volcanique, grès durci et émaillé, procédé à eux. M. Boissimon, avec des corbeilles, des vases, etc., décorés, et, au bout, M. Garnaud, avec un balcon et des statues en terre cuite blanche. Parmi ces dernières, Polhymnie, d'après l'antique, Léda, etc., et un grand groupe, le Sanglier chassé par des Chiens, d'une seule pièce.

En poursuivant les galeries, derrière les carrés, nous trouvons des objets ordinaires de terre cuite, des briques, des dalles, des cheminées, etc. — Suivent les tissus de coton, les velours lisses de laine, les mérinos, les châles d'Amiens et de Paris, les draps d'Elbeuf et de Sedan, les étoffes de Roubaix, Lille, etc.

Le visiteur, arrivé au bout du côté nord, tourne à gauche où il trouve encore les produits de Lille, la ganterie de Paris et de la province, et les étoffes, articles ordinaires de Beauvais, Carcassone, etc. — Ici on est arrivé à l'entrée ouest du Palais, où se termine la partie française du rez-de-chaussée.

ALLEMAGNE

Le lecteur remarquera dans le grand passage qui conduit de l'entrée ouest au transept une très-belle exposition de verres et de cristaux, de M. Steigerwald de Bavière. Ces cristaux, quoique de Bavière, sont fabriqués à la frontière de la Bohême et sont en tout identiques avec les célèbres produits de ce pays. De larges vases, de formes égyptienne et mauresque, attireront l'attention du visiteur, ainsi que les cristaux en verre craquelé et autres, comme nous en avons vu dans les cristaux de Bohême. Une colonne composée de tuyaux de verre de couleurs différentes, pour ornement de jardin, est d'un très-bel effet.

En poursuivant à main droite, on arrive à l'exposition du Wurtemberg. A l'extérieur de la cloison qui sépare cette exposition de l'allée, on a adossé de magnifiques planches parquetées en bois de chêne, de Stuttgart. En entrant dans la première salle wurtembergeoise, on voit à gauche des outils en acier et en fer; vis-à-vis des objets de ferblanc, entre autres, des tables imitant le laque, ainsi que des jouets d'enfants en ferblanc. Au milieu et par devant, s'élève une grande étagère avec de la coutellerie de table, de chasse, et des outils de jardinage; par derrière, on voit un jet d'eau en ferblanc avec appareil mécanique; plus loin encore un autel sculpté en chêne, de Wirth à Stuttgart, au-dessus duquel on a placé une lampe d'argent, style de la renaissance, de Bruckmann et fils à Heilbronn. Dans la cloison du fond s'encadrent des verres mousseline pour vitraux, représentant différents sujets, entre autres les généraux de la guerre d'Orient, la bataille de l'Alma, etc.

A gauche de cette salle en est une autre où nous voyons des pianos carrés et à queue, ainsi que des harmoniums à très-bon marché, car il y en a à partir de 400 fr. — En sortant par le fond de cette salle, on voit, à droite et à côté du bureau de Wurtemberg, les étalages de fabriques de jouets d'enfant, en bois et en ferblanc; en face, des meubles de jardin en fer et en fil forgés, tels que bancs, tables, fauteuils, chaises. A gauche de ces meubles, est placé un berceau d'enfant avec ses accessoires, recouvert de velours vert. — En suivant la même allée à gauche, nous voyons dans le fond, à droite, des figures de dragée et des objets sculptés en os, entre autres un magnifique petit guéridon percé à jour. Un autre petit compartiment, à gauche, contient des préparations en taxydermie, telles que des oiseaux, des chamois, etc. — Un autre carré plus à gauche, nous montre, à droite, les produits drapiers ; à gauche, les tissus de coton et de laine, et, dans un compartiment adossé aux tissus, la bonneterie et les tapis, entre autres un grand tapis tricoté représentant une Famille de Pêcheurs napolitains.

Si de là nous retournons vers l'allée de l'entrée ouest, nous voyons, en longeant le mur du nord au sud, les produits de la Bavière. D'abord, sur notre droite, viennent des glaces mi-blanches et blanches de Fürth. A gauche, s'élève, entre deux caisses remplies de pistolets à tir de Ratisbonne, une petite vitrine, où scintille une splendide garniture de corsage, de diamants et d'émeraudes ; le prix de cette parure, qui provient des ateliers de Mark à Munich, est de 18,000 fr.

Plus loin on rencontre, à droite, des tabatières en papier mâché: à droite, des claviers de résonnance pour les instruments à cordes ; dans le compartiment suivant, se trouvent à droite des Vierges, des objets et des préparations en cire ; à gauche, des instruments à vent et encore des préparations de cire fort curieuses. On remarque parmi ces dernières 24 pièces représentant la formation du poulet dans l'œuf ; parmi les préparations placées à droite, des têtes d'hommes représentant les races primitives du genre humain, l'oreille humaine, etc.

Toujours en longeant le mur, on voit à droite d'énormes pierres lithographiques, à gauche des meubles en fer forgé et des tissus métalliques ; dans le compartiment suivant, près de l'escalier sud-ouest, à droite, des articles de voyage, à gauche, dans l'allée de travers, des crayons à dessiner. En face de l'escalier sud-ouest il y a un étalage appartenant également à la Bavière. On y voit, à gauche, des Vierges avec ornements en haut-relief, plus loin des miroirs et des objets chromatiques; puis, en tournant, à cet étalage, on rencontre l'intéressante exposition d'objets sculptés de MM. Lang, à Oberammergau. C'est une des spécialités de la Bavière. Rien de plus délicat que ces Christ, ces crèches, ces chapelles et statues de saints, ces jeux d'échecs, ces vases, ces jouets d'enfants de formes variées et sculptés en bois, ivoire, os, etc. Un grand nombre de ces objets sont faits par de pauvres montagnards. Plus loin, à gauche et dans l'axe de l'étalage que nous venons d'examiner, s'élève l'étalage des expositions d'Oldenbourg et du Hanovre. Des côtés de l'escalier sud-ouest nous voyons des camées gravés, des vases, des coupes, des colliers et autres objets d'agate, d'onyx, de cornaline, de calcédoine, de jaspe oriental, etc., tous produits des duchés d'Oldenbourg. Sur les côtés opposés du même étalage se trouvent des toiles et des fusils de Hanovre.

Retournons de là vers l'exposition des objets sculptés en bois de la Bavière, et examinons les trois allées qui s'ouvrent à notre droite : elles appartiennent à la Saxe royale. Dans la première allée s'étalent la bonneterie, les tapis, les jouets d'enfants et des produits typographiques; la seconde allée abrite les draps, les tissus de laine et de lin, la ganterie, ainsi que des épreuves de xylographie ; la troisième allée renferme des draps, des broderies en laine et des tissus.

Ces trois allées aboutissent à une allée transversale où nous voyons encore des tissus de Saxe ainsi que des livres imprimés. Suivons cette dernière allée à gauche, puis, tournons à droite, et nous arrivons dans la nef. Nous passons devant la loge saxonne, dont nous avons parlé plus haut, et nous entrons dans la première allée à droite. Là, nous voyons à gauche des porcelaines et des objets en terre cuite de Prusse ; à droite s'élèvent trois loges avec des tissus de Bade : la première contient des velours de coton, la seconde des étoffes de laine, la troisième des mouchoirs en coton imprimé.

Vis-à-vis, par l'entrée qui s'ouvre en face de ces loges, nous entrons dans une des grandes cours de l'exposition prussienne. Cette salle, qui renferme l'armurerie et l'orfévrerie, est décorée conformément à cette destination. Le haut des piliers est orné de boucliers en acier avec l'aigle prussien entouré de drapeaux aux couleurs de la Prusse. Les armes exposées sont placées soit dans des vitrines soit rangées en trophées sur les murs.

En faisant le tour de la salle de droite à gauche, on remarque d'abord, à droite, une partie de l'exposition d'armes blanches de M. Lüneschloss à Solingen : ce sont des sabres, des épées, des poignards, des couteaux de chasse, des lames ; en outre, des rasoirs et des canifs. Plusieurs de ces pièces sont ornées de poignées richement travaillées, en acier, or et ivoire.

Ensuite viennent MM. Schmolz et Cᵉ, à Solingen, avec des casques, des épées et des sabres ainsi qu'une paire de ciseaux énormes en acier, ornés d'un aigle ciselé. A gauche de cette exposition est celle de M. Hartkopf à Solingen, riche surtout en casques de cuir et d'acier et en cuirasses d'acier blanc et noir, et de tombac ; on y voit aussi l'armure complète en acier d'un chevalier du moyen-âge. Au pied des cuirasses se trouvent plusieurs boîtes à pistolets et à fusils.

En longeant le mur à droite on verra près de la sortie du milieu un ange en bronze, de M. Fischer à Berlin ; puis, sur une console, des petits groupes d'animaux de bronze et de fonte; ensuite une grande che-

minée avec cadre de glace et pendule de fonte de fer,
de la fonderie du comte d'Einsiedel, à Lanohkammer
dans la Saxe prussienne ; à côté, une autre console
avec des statuettes et des groupes de bronze et un
grand groupe en bronze, représentant une femme puisant de l'eau.

On se trouve ainsi devant le mur opposé à l'entrée
par laquelle on a pénétré dans la salle. Devant ce mur
s'élève une loge élégamment ornementée, supportée
par trois piliers et décorée de rideaux en velours cramoisi à franges d'or. Plusieurs objets placés devant les
trois piliers attirent l'attention du visiteur. Devant le
pilier à droite s'élève, sur une table de marbre rouge,
un magnifique surtout de table en bronze repoussé, de
MM. Sy et Wagner, de Berlin ; au-dessus et sur une
console est placé le buste en biscuit de la reine de
Prusse. Devant le pilier du milieu, on voit des camées,
des échantillons de marbre taillé, et au-dessus, sur un
chapiteau corinthien en porcelaine de Berlin, le buste
en bronze de l'empereur Napoléon III. Enfin, devant
le pilier à gauche s'élève un groupe en bronze, représentant un enfant avec une corbeille de fruits et debout
sur le globe du monde ; au-dessus, le buste en biscuit
du roi actuel de Prusse est adossé au pilier.

Quand on pénètre dans l'intérieur de la loge, on voit
à droite une grande vitrine contenant l'exposition de
MM. Sy et Wagner ; on y remarque surtout une réduction en argent de l'Amazone de M. Kiss, un grand
album en reliure d'argent, orné des armes des différentes provinces de la Prusse, et deux grands candélabres en argent. A côté de cette vitrine, on voit des
vases d'église et un gobelet d'argent doré et embouti,
et, au-dessus, suspendu au mur, un bouclier en argent
oxydé.

La grande vitrine à côté appartient à MM. Vollgold
et fils à Berlin. Elle renferme un grand nombre de

pièces de galvanoplastie d'argent, entre autres deux grands candélabres et des gobelets en forme de têtes d'animaux, etc. A gauche, on remarque une énorme table monumentale en argent, pesant 300 marcs. C'est un cadeau offert par la ville de Berlin au prince et à la princesse de Prusse à l'occasion du vingt-cinquième anniversaire de leur mariage ; le bas-relief montre les figures du prince et de la princesse, ainsi que des figures allégoriques en rapport avec l'événement indiqué. Cette table a coûté 40,000 fr., et c'est la plus grande pièce d'orfévrerie d'argent qui ait été produite par l'électricité.

A côté de cette table, on admire l'exposition de M. Friedeberg à Berlin, notamment une broche en diamants et émeraudes, un porte-bouquet, un éventail garni de pierreries et un plateau en argent sur lequel se trouve gravée une vue du Palais de l'Industrie.

En sortant de la loge, on voit à droite, au-dessus d'une vitrine renfermant de l'orfévrerie d'église et de table, un superbe bouclier d'argent repoussé. Plus loin, on remarque dans des vitrines à plat, des bijoux et d'autres objets en ambre jaune, minéral qui ne se trouve nulle part en aussi grande quantité que sur le littoral prussien de la Baltique.

Une autre vitrine renferme des bijoux et d'autres objets en fonte, entre autres un éventail percé à jour comme la dentelle, d'une grâce et d'une légèreté extraordinaires, au prix de 75 fr. Sur le mur se trouvent différents ornements en fonte ainsi qu'un bas-relief de fonte, représentant les monuments d'architecture de la Prusse Rhénane et de la Westphalie. Ensuite vient une grande vitrine avec de l'orfévrerie en or et en argent.

Plus loin et sur le même côté, on trouve l'exposition d'armes blanches de M. Holler à Solingen. On y voit entre autres une épée à lame damasquinée avec le portrait de Napoléon Ier et des scènes de batailles; cette épée a été achetée par l'empereur des Français au prix de 1,500 fr. A côté et à la gauche du visiteur se trouve l'exposition d'armes blanches de M. Lüneschloss de Solingen, dont nous avons déjà vu une partie en entrant dans cette salle. Dans la vitrine qui nous occupe en ce moment on voit, entre autres, un sabre en acier, première qualité, forgé et pris sur une pièce d'acier posée à côté : au milieu de la lame se trouve le portrait ciselé de l'empereur Napoléon III.

Le visiteur est ainsi revenu à l'endroit d'où il a commencé son tour de la salle, et il pourra maintenant examiner les objets placés au milieu. D'abord, immédiatement devant lui, il verra un canon de M. Krupp à Essen, d'une nouvelle invention brevetée en Angleterre, en Autriche, en France et en Prusse : c'est un canon en acier fondu, du poids de 503 kilog., construction française, de 12 livres. L'inventeur garantit l'indestructibilité des canons de ce métal, sans égard à la grandeur ou au genre des charges, et en outre ces pièces permettent une diminution notable de leur poids usité.

A côté de ce canon s'élève une haute vitrine renfermant des armes à feu. Tout autour sont placés huit casiers contenant des objets de parure très-variés et à très-bon marché, en ivoire et en écaille, ainsi que des tuyaux de cigares et des pipes en ambre jaune et en écume de mer. D'autres casiers renferment des broderies et des objets militaires en usage dans l'armée prussienne, des capsules pour armes à feu, de la poudre de chasse et de mine.

Le centre de la salle est occupé par un grand monument funèbre, style gothique, en fonte de fer, du prix de 3,500 fr.; il sort de l'usine du comte de Stolberg-Wernigerode à Ilsenburg dans la province de Saxe. Par devant, s'élève un groupe de fonte, représentant le Christ sur la croix et aux pieds duquel la

8.

Vierge est agenouillée ; par derrière, on voit un autre groupe en bronze.

Le dernier carré, au milieu de la salle, contient une collection magnifique d'objets en métal verni à dessins et à peintures. On admire surtout un écran de 1,800 fr., un paravent de 4,200 fr., plusieurs tableaux encadrés, des lampes, etc. : tous ces produits sortent des ateliers de M. Stobwasser à Berlin. Sur la même table on remarque encore un grand nombre d'objets en ambre jaune ainsi que des tables et un échiquier en marbre, de même que d'autres objets en marbre et albâtre.

En avant de ce carré s'élève une colonne en fonte avec ornements d'argent et surmontée d'un aigle : elle est envoyée par la fonderie royale de Berlin, un des établissements les plus célèbres en ce genre.

Quand on quitte cette salle pour se diriger vers les galeries du fond, on arrive par la sortie du milieu dans une allée longitudinale où l'on voit à gauche des boutons, des ornements et divers objets en cuivre et laiton des fabriques prussiennes. En suivant cette allée à droite, on remarque le mur à gauche tout couvert de la magnifique coutellerie de M. Holler à Solingen, à droite, de limes et autres outils en acier, ainsi qu'une barre d'acier raffiné pesant 100 kilog. : elle sort des ateliers de M. Lindenberg à Solingen. Plus loin on voit dans la même allée, à droite, des tissus métalliques de Bade, entre autres une toile de 9 mètres 8 centim. de long sur 2 mètres 133 millim. de large ; à gauche s'étale toute une collection curieuse d'horloges et de pendules de la Forêt-Noire en acajou, chêne et sapin, artistement sculptés et ornés de peintures ; à côté, à droite, se trouvent des orgues de Barbarie, et au-dessus un tableau-relief en sucre, représentant une fête de village hollandais, d'après D. Teniers.

Si le visiteur se rend ensuite dans l'allée longitudinale parallèle à celle qu'il vient de quitter, il verra, à gauche en face, des baguettes dorées pour cadres et tentures, de Berlin; à droite, dans une loge, l'exposition du grand-duché de Luxembourg. Cette exposition se compose surtout de draps, gants, peaux de chevreau, cigares, papiers de bureau et papiers peints, et de très-beaux dallages en mosaïque de terre cuite. A gauche et en face de cette loge s'élève un meuble de proportions énormes ; c'est une bibliothèque en fonte moulée; elle est de MM. Metz et C*, à Eich en Luxembourg. Au plafond, au-dessus de cette bibliothèque, est suspendu un lustre de Berlin, composé de quatre têtes de cerf en bois sculpté, surmontées de cornes naturelles.

Entrons maintenant dans la salle à gauche et faisons-en le tour, en commençant à droite. On y voit d'abord des tables et d'autres objets de papier mâché, laqués, décorés et incrustés d'or, d'écaille et de nacre ; plus loin, ce sont des *pianinos,* dont un à transporteur, au prix de 1,800 fr. Sur le mur, au-dessus de ces objets, sont suspendus dans des cadres des feuilles et des fleurs artificielles et de superbes brodequins de laine, soie et perles, de Berlin. Au mur d'en face sont adossés des meubles en chêne, acajou, noyer et osier. Aux deux autres murs sont suspendus des tableaux en relief faits de liége, des cadres, et d'autres ornements en bois et en papier mâché, dorés. Près de l'entrée par laquelle nous sommes venus, on voit de magnifiques haut-reliefs sculptés en bois, représentant le Christ bénissant le pain et le vin, le Christ dans le tombeau, et David contemplant la tête de Goliath.

Le milieu de la salle est occupé par des pianos à queue, sur lesquels on a posé d'autres instruments de musique ; puis un grand choix de meubles en osier de tout genre. Mais deux pièces doivent, avant tout, attirer l'attention du visiteur ; une grande table de marbre de Silésie, de M. Barheine à Berlin ; c'est la plus grande table qui ait été taillée jusqu'ici de cette espèce de marbre : elle coûte 2,200 fr. L'autre pièce, c'est une table ovale de salon, de bois doré, où se trouve encadrée une magnifique broderie en soie et perles, avec les portraits brodés en perles de Napoléon, Goethe, Pierre-le-Grand, Voltaire, Washington, Shakspeare, Frédéric-le-Grand et Schiller ; exposée par M. Sommerfeld de Berlin.

Quand on sort de cette salle du côté opposé à celui par lequel on y est entré, on arrive dans la dernière allée qui longe le mur méridional du palais. En remontant cette allée de l'ouest à l'est, on remarque à droite les nombreux étalages des fabricants de draps, de lainages et de tissus de coton de la Prusse. Ces industries constituent une des grandes richesses économiques de ce pays ; les draps prussiens se recommandent par une grande solidité jointe à un excessif bon marché.

Le côté gauche de cette allée se compose de plusieurs petits compartiments que l'on visitera, en remontant, l'un après l'autre. Le premier compartiment contient des poupées, des chaussures, des gants, ainsi que des étuis, portefeuilles, nécessaires et autres objets en cuir. On y voit aussi plusieurs vitrines garnies de cannes à pomme sculptée en corne et en ivoire, entre autres celles de M. Steffelbauer à Gorlitz, qui se distinguent par leurs jolies formes et une modicité de prix étonnante.

Le mur à gauche du précédent est occupé d'abord par une grande vitrine remplie de porte-monnaies, étuis et d'autres objets en cuir de Francfort-sur-le-Mein : c'est une des spécialités de l'industrie de cette ville. A côté est placée une vitrine basse, mais d'une grande étendue : en l'examinant, on remarque qu'elle contient toute une population de soldats et de chevaux ; ce sont des jouets d'enfants en étain. On y voit tout un tableau représentant la bataille de Kalafat, un autre représentant celle d'Oltenitza, ensuite vient une batterie de cuisine, des services de table, des meubles de salon, enfin tout ce qui charme la vie d'un intérieur mis à la portée des enfants et de leurs poupées. Tous ces objets, fabriqués avec un soin remarquable, sont de M. Söhlke, à Berlin.

A côté de cette vitrine, on trouve une grande collection de jouets d'enfants en bois et papier mâché, entre autres tout un arsenal de sabres, cuirasses, casques, lances, épées pour des héros de quatre à six ans.

Le milieu de la salle est occupé par deux vitrines, l'une renfermant des objets de maroquinerie de Berlin, l'autre des objets tournés en ivoire et en bois, de la même ville.

Après avoir quitté cette salle, on longe la cloison à gauche, occupée par des boutons en métal et en corne, et par les objets de brosserie de Berlin. Dans la petite allée qui s'ouvre ensuite à gauche, on remarque, à côté, de beaux peignes en ivoire et en écaille ; la serrurerie prussienne représentée par des serrures de Berlin, d'un travail et d'un mécanisme des plus parfaits, mais surtout par des coffres-forts en acier et en fer forgé, sous toutes les formes, telles qu'armoires, buffets, bureaux, secrétaires, etc. On remarquera notamment une armoire en acier et fer, véritable chef-d'œuvre de serrurerie, avec un nombre infini de tiroirs et de casiers dont les portes sont artistement gravées : cette pièce est de M. Sommermeyer à Magdebourg.

En retournant dans l'allée et continuant à la remonter, on rencontre à gauche un compartiment suivi plus loin par un autre, et contenant tous les deux les produits si variés des fabriques prussiennes, objets en acier, fer, laiton et cuivre, surtout de la coutellerie, des outils, des fils de métal, etc.

Plus loin s'ouvre dans la même allée, et à gauche, encore un compartiment contenant également des objets en métal tournés, des outils, de la coutellerie, etc.

Au milieu de cette petite salle s'élève l'intéressante exposition de l'usine de Tangerhütte près de Magdebourg : ce sont des objets en fonte et en fer émaillé. On remarquera surtout plusieurs poêles en fonte percés à jour, dont un surmonté de la statue de Napoléon Ier ; en outre, des ustensiles de cuisine en fer émaillé, très-recherchés en Allemagne à cause des avantages de propreté qu'ils présentent pour la préparation des aliments, et à cause de leur bon marché.

Quand on se dirige de cette pièce du côté du transept, on arrive dans une grande salle appartenant encore à la Prusse. Elle est également remplie de ces produits en métal dont l'exposition prussienne est si riche. A gauche, ce sont des aiguilles à coudre, de la coutellerie, des garnitures de fer, d'acier, de laiton et plaqué d'argent pour harnais et voitures ; en face et à droite, ce sont des objets de coutellerie, de plaqué et de métal anglais.

Cependant ce qui intéressera le visiteur, avant tout, c'est le milieu de cette salle. A gauche, un vaste carré est occupé par les nombreux produits en fonte, fer, bronze et argent allemand, de M. Zimmermann à Francfort. Ce sont des groupes, des statuettes, des encriers, flambeaux, etc. Si ces objets, sous le rapport artistique, ne supportent pas toujours la comparaison avec les produits français, ils se signalent par leur excessif bon marché. C'est un des rares établissements de l'Allemagne qui travaillent, non pas d'après des modèles étrangers, mais d'après leurs propres dessins ; il occupe plus de cinq cents ouvriers et fait un immense commerce d'exportation. Au centre de la salle, s'élève la magnifique exposition de la Société des mines et fonderies de zinc de Silésie, à Breslau. Sous un grandiose portique ou pavillon en zinc, richement ornementé, on voit plusieurs statues, entre autres l'Apollon du Belvédère et la Vénus de Milo, entourés d'une foule d'autres objets du même métal. Par devant, on a placé une belle jardinière de fer-blanc et de zinc, de M. Pols jeune, à Elbufeld. Par derrière se trouvent des objets en cuivre laminé et doré, de MM. Wolff et Erbsloh, à Barmen ; on y admire surtout un bel échiquier, avec ses figures artistement ciselées.

Le côté droit de la salle est occupé par une collection d'ouvrages en zinc bronzé et doré, de M. Meves, à Berlin. La grande fontaine en forme de vasque, et plusieurs groupes imitant les plus beaux bronzes et représentant Armide et Renaud du Tasse, un Tueur de lions, etc., ainsi qu'un échiquier superbe, en argent, avec des figures ciselées, du prix de 4,000 francs, seront encore remarqués.

AUTRICHE

Revenons maintenant dans le transept. En entrant dans *le premier carré d'Autriche* par la seconde porte, et en tournant à gauche, nous trouvons dans une vitrine les instruments de musique de cuivre de M. Cerveny de la Bohême, un des fabricants les plus importants d'Autriche. Au dessous de ces instruments, il y a des imitations de toutes sortes de pierres précieuses d'une grande ressemblance et beauté : toutes ces imitations sont en cristal de Bohême. A côté, on voit dans plusieurs vitrines les grenats de Bohême, pierre précieuse qui constitue une autre spécialité de la Bohême, montée en or, et formant différentes pièces de bijouterie. Une belle carte géographique de l'Europe, de grand format qui a été faite à l'Institut impérial militaire de géographie, orne le panneau suivant. MM. Roco frères, graveurs à Milan, ont exposé au-dessous d'elle des filigranes en argent et des petits tableaux guillochés sur des plaques d'or et d'argent pour montres, tabatières, etc. On remarquera entre autres le portrait de Napoléon 1er, comme tous les autres, d'une exécution supérieure. Les vitrines suivantes nous montrent les parures et différents objets de bijouterie montés en corail. On y remarquera un beau collier et deux bracelets du prix de 6,500 fr.; d'autres bracelets à 200, 160 fr. etc.

Au-dessus et au milieu du panneau qui nous occupe, nous voyons le portrait de François-Joseph, l'Empereur d'Autriche, dans un très-beau cadre de bois doré et sculpté de MM. Kolbel et Trom à Vienne.

Au-dessous du cadre, on remarquera, à main gauche, un pot en ivoire sculpté d'une très-belle exécution, représentant un combat. Un petit bocal, en bois sculpté, qui est à côté, attirera l'attention par la finesse de l'exécution de scènes de chasse sculptées dans le bois avec infiniment d'art et de persévérance. Puis il y a un joli petit modèle de la célèbre cathédrale de Milan, en argent doré, et une tasse en argent ornée de dorures d'un beau travail, de M. Colombe, à Milan.

Un beau bocal en argent oxydé termine cette petite série.

Au-dessous, des tabatières et des chaînes de montres de fabrique viennoise. A côté de ce cadre, une carte en relief du chemin de fer sur le Sœmmering en Basse-Autriche, attirera l'attention. Le Sœmmering est une montagne qui sépare la Basse-Autriche de la Styrie, et qui est d'une hauteur de 4,000 pieds. Les ingénieurs autrichiens ont percé cette montagne pour conduire un chemin de fer d'une hardiesse incroyable, dont on se convaincra en examinant ce relief, qui est dû à M. Pauliny, dessinateur de l'Institut géographique de Vienne.

D'autres reliefs, comme celui de Tyrol, se rangent à côté de celui-ci, et sur les tables, au dessous d'eux, on trouve une exposition très-intéressante de Messieurs Schlechta et Pachman, propriétaires d'un établissement à tailler des grenats, en Bohême. Ici, on voit toutes les phases que cette pierre parcourt avant d'arriver à composer des parures, comme nous le voyons dans les vitrines à côté des bijouteries fines d'un bon goût et d'une très-belle exécution, de MM. Goldschmidt à Prague, Rosenberg à Vienne, et de Schonborn à Dlakowitz en Bohême. Les couverts de *packfong*, composition imitant l'argent, et les impressions de musique qui suivent, n'offrent rien de remarquable. Le panneau de mur suivant, toujours à main droite, nous présente les premiers échantillons de l'Imprimerie impériale de Vienne, un des plus célèbres établissements de ce genre de l'Europe. Ce premier échantillon est déjà digne de sa renommée, car nous voyons là dans 10 cadres produits par la galvanoplastie dans l'Imprimerie impériale même, des feuilles d'une collection du *Notre Père*, en 814 langues, et naturellement, en caractères conformes à ces langues. En bas, on voit dans trois vitrines des reliures et des porte-feuilles superbes d'un goût et d'une perfection rares. M. Giradet, à Vienne, a exposé ces objets dont tous les ornements et accessoires sont également faits à Vienne.

Après avoir passé une porte, nous trouvons exclusivement des objets de l'Imprimerie impériale de Vienne. D'abord, des lithographies, parmi lesquelles Judith, la Descente de Croix, le portrait de Rubens, etc.; ensuite des échantillons de galvanographie, savoir : une Tête de Chien par Ranftl, imprimée sur une seule plaque; panorama de Vienne en 6 tables, peint par Breyer, imprimé sur deux plaques; chapelle de la cathédrale de Saint-Étienne à Vienne, peinte par Lang, imprimée sur trois plaques, etc.

Voici en quoi consiste ce procédé : l'artiste peint sur une planche de cuivre argenté avec une couleur composée de quelque oxyde, comme par exemple d'oxyde de fer, de terre-de-sienne brûlée, ou de crayon de mine, et pétrie avec de l'huile de lin. On a superposé des couches plus ou moins épaisses selon que le demande le « chiaro-obscuro ». On plonge ensuite la planche dans l'appareil galvanique, et l'on obtient une seconde planche, qui reproduit le dessin original avec toutes ses aspérités. Celle-ci est enfin la véritable planche en cuivre, ressemblant à une aquatinta et produite sans coopération de graveur.

Au-dessous et à côté, il y a des échantillons de chromolithographie, c'est-à-dire lithographie en couleurs ; au-dessous, quelques plaques stéréotypes, d'une grandeur extraordinaire, et dont une en gutta-percha. A côté et au-dessous du panoroma de Vienne nous trouvons d'autres échantillons très-remarquables de chromolitographie, ainsi que les tableaux de fleurs avec les mêmes tableaux à l'huile, à côté, afin de pouvoir comparer.

Parmi les photographies de cet établissement, on remarquera les reproductions de dessins et de différents insectes grossis par le microscope. Dans les cases au-dessous on voit des livres imprimés de toutes sortes et en toutes langues, des copies très-remarquables de camées antiques, produites par le procédé galvanique, et des plaques en cuivre pour l'hyalographie, c'est-à-dire la gravure à l'eau forte sur verre, et l'impression naturelle, dont nous parlerons tout-à-l'heure.

Nous voyons encore des produits, des vues de diverses localités, de l'Imprimerie impériale de Vienne, et une carte géographique, produite par la chimitypie, procédé pour produire, à l'aide d'une gravure, une planche en relief.

Après avoir enduit la surface d'une planche de zinc d'une pâte imperméable, on la grave à l'aiguille, et on la traite à l'eau forte, après quoi on en écarte la pâte, enlevant soigneusement toute trace d'acide. On lave, dans ce but, les cavités de la planche gravée, d'abord avec de l'huile d'olive, ensuite avec de l'eau, et on les essuye pour qu'il n'y reste logée la moindre trace d'acide. On chauffe alors cette planche (sur laquelle est étendue de la limaille de métal liquéfié) au-dessus d'une lampe à esprit de vin, ou d'une autre manière, jusqu'à ce que le métal liquéfié ait empli toute la gravure; aussitôt que le métal est refroidi, on le gratte de la surface de la planche en zinc, de manière qu'il n'y adhère plus que ce qui avait pénétré dans les cavités de la gravure. On expose alors la planche de zinc, avec laquelle le métal liquéfié s'était réuni, à l'influence d'une faible solution d'acide muriatique, et, vu qu'un de ces métaux est positif, et l'autre négatif, ce n'est que le zinc qui se voit atteint par l'acide, tandis que le métal liquéfié, qui avait pénétré dans les cavités de la gravure, reste en relief; dès lors on peut tirer à la presse typographique des copies de cette planche obtenue par ce procédé.

A côté et au bout de ce panneau de mur, se trouvent les produits galvano-plastiques, savoir : des poissons copiés, d'après des pétrifications, des médaillons de MM. Radnitzky et Würth, des animaux, et des préparations anatomiques du corps humain pour enseigner l'histoire naturelle aux aveugles, des statuettes, etc. Voici le procédé par lequel ces objets ont été obtenus. On enduit graduellement de gutta-percha fondue la pierre contenant le poisson, etc., et l'on produit de la sorte une forme, laquelle, exposée plus tard à l'action d'une batterie galvanique, se couvre en peu de temps d'une couche de cuivre formant une planche, sur laquelle apparaissent en relief tous les caractères distinctifs du poisson : cette planche imprimée à la presse chalcographique, livre sur le papier un résultat qui égale en tout l'objet original.

Une grande carte topographique de Vienne et ses

environs, exécutée dans l'Institut militaire géographique de Vienne, couvre le panneau qui se trouve entre les deux portes qui donnent dans le transept.

Au dessous de cette carte, sont placés quelques échantillons de hyalographie (*voir plus haut*) et des produits d'un procédé très-remarquable, qu'on appelle *impression naturelle*, inventé par M. Worring, prote à cette imprimerie.

Voici en quoi consiste ce procédé : Une plante, une fleur, un insecte ou un objet quelconque est mis entre une plaque d'acier et une plaque de plomb et fortement pressé entre deux cylindres, à l'aide d'une petite presse. L'image de l'objet s'imprime par cette pression jusqu'aux moindres détails dans la plaque de plomb. Une fois cette plaque obtenue, on la reproduit en relief à l'aide du procédé galvanoplastique ordinaire. La plaque obtenue sert à imprimer les objets, qui sont d'une exactitude remarquable, comme on le voit aux échantillons que le visiteur a devant lui, et parmi lesquels il y a des plantes, des fleurs, des insectes, des dentelles, etc. L'inventeur, M. Worring, qui est présent, montre avec beaucoup de prévenance son procédé ingénieux. La petite presse qui sert à l'impression naturelle se trouve en face et à côté.

Le trophée du milieu est composé d'instruments de musique, parmi lesquels un piano, des flûtes, des boîtes à musique, etc. Entrons derrière l'mprimerie Impériale, entre les colonnes 24 et 25, où nous trouvons les papiers peints et la belle collection d'outils de M. Wertheim, et, à côté, les coffres-forts de MM. Wertheim et Wise ; des lits et des garnitures de lit, de très-belles photographies de Venise, et une petite vitrine remplie de portefeuilles, nécessaires, etc., de M. Klein ; au milieu, des reliures, des gravures, des cannes, etc.

Entrons dans le carré suivant, où nous trouvons les produits de tourneurs très-habiles d'Autriche, ainsi que des boutons de toutes sortes, cannes, et au milieu, une très-grande collection de pipes en écume de mer, qui se distinguent par la bonne exécution et par le bon marché. La fabrique de tissus de laine de M. Liébig, à Reichenberg en Bohême, a exposé de très-beaux produits de sa fabrication tels que châles, tissus mérinos, etc. Citons encore, au bout de l'estrade du milieu, des boîtes en bois, avec des sculptures appliquées, d'un bon marché incroyable ; il y en a de très-jolies à 5, 6 et 10 fr. la douzaine.

Regardons encore les parasols, ombrelles, et les parapluies de Vienne et de Venise, et sortons par la porte, entre les colonnes 21 et 22 , pour entrer dans le *deuxième carré d'Autriche*, dont le pourtour est occupé de quelques échantillons de tissus de coton écru et imprimé de Bohême, de tissus de laine et de chanvre de Moravie, de fils de laines de toutes sortes, de différentes provinces autrichiennes, et d'une petite collection de fils couleur ponceau d'une grande beauté, comme échantillon des teintureries en Illyrie, Moravie, Carinthie et du Tyrol, dont ceux des frères Rikli à Seebach en Carinthie, et ceux de MM. Ganahl et C° à Feldkirch (Tyrol), les plus remarquables.

Le milieu est rempli des articles courants de porcelaine, et de la verrerie de Bohême, où les appareils en verre pour la chimie attireront surtout l'attention, par leur légèreté et leur pureté. Sur le côté qui est tourné vers le transept, on voit quelques tristes restes de la verrerie jadis si célèbre de Venise ; en bas, de grosses pièces d'aventurine (verre mêlé d'une poudre dorée), et quelques verres et bouteilles avec dessins d'aventurine d'un triste aspect. Du côté opposé, et sur le pan qui est adossé à la colonne 22, nous voyons une autre industrie vénitienne qui a mieux soutenu sa vieille réputation ; ce sont les célèbres perles de verre de Venise. Au-dessous de ces perles, de très-belles imitations de pierres fines, et à main gauche, des monnaies et des médailles reproduites *en verre* par un nouveau procédé en Hongrie, et vers les portes, des objets en verre filé très-remarquables. Sortons par la porte 21-22 ; traversons le grand carré du derrière où nous voyons, au milieu, les draps de Brünn en Moravie et de Reichenberg en Bohême. A droite, en montant, de très-jolis papiers peints et les *terazzi* vénitiens, c'est-à-dire imitations de marbre en *terra cotta* de Venise. Le côté opposé a de très-jolis articles de voyage, coffres, malles, sacs de nuit, lits de voyage, etc. ; des meubles, parmi lesquels des chaises, des fauteuils, et des canapés en bois scié dans sa longueur et courbé ensuite à volonté, ce qui donne aux meubles une grande élasticité. Une chaise pareille jetée par terre rebondit et reste debout. Enfin, au bout de l'exposition autrichienne, à côté du petit bureau de l'Autriche, on voit une petite toilette et des corbeilles à linge, etc., en vannerie, achetées par Mᵐᵉ la princesse Mathilde.

BELGIQUE

En sortant à droite, on entre dans l'exposition de la *Belgique.* Que le visiteur suive la première allée à gauche jusqu'au bout, et il se trouvera dans une salle carrée voisine du transept. Les pourtours de cette salle sont occupés en partie par les draps de Verviers, en partie par les armes à feu et les armes blanches de Liége, c'est-à-dire par les deux grandes industries de la Belgique. Seulement en armes, ce pays exporte pour 12 millions de fr. par an. Parmi le grand nombre de beaux fusils, on remarque surtout ceux de M. Lepage, un des premiers fabricants de cette spécialité. Il suffit de regarder sa vitrine pour se faire une idée de la variété de

produits dont cette industrie est susceptible ; on y voit
des fusils à partir de 6 fr. jusqu'à 390 fr., prix des
plus chers.

Au milieu de la salle s'élève un carré rempli de draps,
et à côté une tente sous laquelle la fonderie royale de
canons à Liége a établi ses remarquables produits. Cette
tente se compose de deux compartiments adossés
l'un à l'autre. Dans le fond de l'un on remarque une
magnifique armure de chevalier en zinc ciselé ; par
devant sont placés un obusier de campagne, des canons de 6, 12 et 24, et un mortier. Le compartiment
ouvrant du côté de la vitrine de M. Lepage, abrite,
dans le fond, le buste en bronze du roi Léopold, puis
un canon de 3 m. 24 c., un canon-obusier de 60, un autre
pesant 2484 kilogr., un canon court de 24, et des fusils
de rempart d'une longueur énorme.

Quand on se dirige de cette tente vers le fond du
bâtiment, on voit dans la première allée, à gauche, des
fils d'étoupes, à droite, des armes à feu et des fils de
laine. Derrière cette allée, c'est-à-dire dans la direction du mur, se trouve une vaste salle remplie tout
autour par les bonneteries, les soieries et peluches,
les damas, les lainages, les toiles, produits que la
Belgique a dans une perfection extraordinaire et dans
une grande profusion. Au milieu s'élèvent plusieurs
énormes étalages, remplis également de toiles, de tissus,
de lin et de laine, de couvertures de lit, etc. Le côté de
cette salle qui longe le mur est séparé du reste de la
salle par des portes en bois de chêne et de noyer.
Par derrière on rencontre de superbes meubles, surtout des fauteuils à mécanisme, de 25 à 200 fr. En sortant de ce compartiment et en remontant à droite on
voit un magnifique meuble cabinet, incrusté et scuplté ;
de en face, un énorme parquet, véritable chef-d'œuvre
M. Dekyn à Bruxelles. Plus loin et du côté droit
on trouve des tuyaux et des poteries en terre cuite

et en terre réfractaire, ainsi qu'une toiture couverte de tuiles plates de terre cuite.

A côté et près de l'entrée de la galerie du Panorama se trouve une pièce remplie de produits métalliques. On y remarque les branches à gaz en zinc et cuivre, destinées à l'église de Saint-Michel à Bruxelles. Le côté droit est occupé par les produits en zinc de la Société de la Vieille-Montagne, qui possède sept établissements en Belgique, outre ses huit en Allemagne et trois en France. On y trouve sous un pavillon monumental en zinc les produits de laminage des usines de Belgique, entre autres une feuille de zinc de 10 mètres de long sur un de large, et pesant 175 kilogrammes ; une autre feuille de 4 m. 4 c. de long sur 1 mètre de large, 1 c. d'épaisseur, et pesant 285 kilog. ; puis différents ornements, des pots à fleurs peints en couleur, etc., etc.

Plus en avant dans la salle se trouvent les cordages, entre autres un échantillon d'un cable de télégraphe sous-marin, en fer galvanisé, commandé par la direction des télégraphes belges ; le cable lui-même aura 5,000 mètres de long en deux bouts ; il sort des ateliers de MM. Goens et Vertongen, à Vermonde.

Près de l'entrée du Panorama, on remarque les bustes en zinc de l'empereur des Français et de l'impératrice Eugénie, entourés de vases et de candélabres en zinc bronzé, de l'usine de M. Vandercamer, à Bruxelles. Plus en avant s'adossent à ces objets des armoires et des coffres-forts, dont un très-beau imitant un meuble de Boule, et avec serrure à pompe.

La salle située devant la précédente est encore consacrée aux produits métallurgiques.

ÉTATS-UNIS

En sortant de l'exposition belge, nous nous trouvons dans celle des États-Unis, arrangée en face de la grande entrée du pavillon nord. En commençant par le pourtour à main droite, nous voyons d'abord des vues du Palais de Cristal de New-York, des ouvrages de l'histoire naturelle, et un peu plus loin d'autres échantillons de la gravure et de la typographie américaines. Deux pianos et quelques violons prouvent que les Américains ne s'occupent pas seulement des choses utiles, mais qu'ils cultivent en même temps les arts. Suivent les échantillons de minerais exposés par la Société française des mines de cuivre natif (du Lac Supérieur), et à côté, un petit médaillon en fer fondu représentant Franklin, l'inventeur du paratonnerre. Le grand buffet en chêne sculpté orné de peintures sur bois est exposé par M. Ringuet Leprince à New-York et Paris. Une petite vitrine à côté renferme des minerais aurifères d'or cristallisé et de sulfure de mercure (cinabre). Ces minerais d'or cristallisé sont remarquables par leur grande dimension et la régularité des cristaux.

Suivent les étalons de poids et mesures de l'Amérique du Nord, qui ont été donnés par le Congrès au gouvernement français, et qui sont d'une justesse telle, que M. Silberman, conservateur aux Arts-et-Métiers, a employé un de ces étalons pour ajuster le kilogramme en platine qui a été exposé en 1851 à l'Exposition de Londres. Les balances de M. Kline, de New-York, dans une vitrine, sont également d'une exécution supérieure et d'une grande sensibilité; car elles accusent un demi-milligramme pour 50 livres.

Les cartes suspendues sur le pan de ce côté sont les cartes des vents et des courants dans la mer Atlantique et dans l'Océan Pacifique, dressées par le lieutenant Maury, de l'Observatoire de Washington. Ces cartes sont basées sur des informations de navigateurs particuliers ; mais le gouvernement américain les publie à ses frais et les distribue aux navigateurs qui s'obligent à fournir au lieutenant Maury tous les renseignements et expériences résultant de leurs voyages. Sur les tables, au-dessous des cartes, on verra, à côté de l'or californien, un modèle d'un éperon mobile et d'une quille à culasse, de l'invention de M. Maskell.

Plus loin nous voyons des échantillons de médailles et de monnaies des États-Unis, des modèles de vaisseaux, principalement celui des steamers *Delaware* et *North-Carolina*, et d'un steamer en miniature construit par M. D. King, ayant une machine à vapeur de 2,000 chevaux et ne jaugeant que 6 pieds, avec cargaison, ce qui lui permet de naviguer dans les rivières. Ce navire contient 94 chambres de première classe, et 400 cabines, outre 500 passagers d'entrepont. Sa capacité est de 1,000 tonnes, et il peut filer 25 milles à l'heure, d'après l'indication de l'exposant. Des échantillons de billets de banque se trouvent au-dessous.

Les deux pavillons du milieu sont occupés par les objets en caoutchouc durci de M. Goodyear. On y voit le caoutchouc remplacer le bois, le fer, le cuivre et d'autres matières dures : des manches à couteau sculptés, des jumelles de théâtres, des coffrets, des instruments de chirurgie, et même des petits tableaux en relief imitant le métal, et un livre imprimé sur caoutchouc. — Derrière le carré que nous venons de parcourir, se trouve un grand carré rempli d'autres objets en caoutchouc de M. Goodyear, des bottes, des vêtements, des instruments de musique même, et jusqu'à des tentures peintes en caoutchouc, dont une attire surtout l'attention de nos soldats, qui y trouvent des scènes de la guerre actuelle en Crimée. Le milieu est occupé par une tente, des canots, des tampons, etc., tous en caoutchouc.

Le carré à côté de celui de l'Amérique, du côté sud de la nef, était également destiné aux États-Unis. Mais les envois de l'Amérique ont été si minimes, que l'on a pu donner ce carré à quelques exposants retardataires, qui l'ont rempli de beaux meubles de fabrique parisienne, parmi lesquels on remarquera une jolie petite bibliothèque de M. Ribaillier, achetée par l'Empereur, un joli meuble en marqueterie de M. Schindler, une belle jardinière, et des fauteuils et des canapés, au milieu. Le panneau ouest de ce carré est orné d'une cheminée monumentale en marbre et bronze de M. Fourdinois, du prix de 45,000 fr. Un bas-relief ovale qui remplace la glace représente un sujet de chasse ; deux figures en grandeur naturelle, caressant des chiens, sont aux côtés. Le haut est orné d'anges. Tous ces ornements sont en bronze. A côté, on remarquera un joli petit meuble en bois d'Algérie, thuya et pistachier des forêts du gouvernement français en Algérie, exposé également par M. Fourdinois et acheté par le duc d'Hamilton.

GRANDE-BRETAGNE

Tout le reste de ce côté sud du palais, et le côté est jusqu'à la grande porte du milieu, sont occupés par le Royaume-Uni de la Grande-Bretagne.

Le premier carré du devant, à côté de celui des meubles parisiens que nous venons de quitter, est celui de la maison Elkington, Mason et C⁰ de Londres. On sait que M. Elkington a inventé le procédé, importé en France, par M. Christofle, d'argenter par l'électricité. Aussi les vitrines de ce carré sont remplies d'or-févrerie argentée par ce procédé. Parmi celles du côté ouest, on trouvera tout près de la porte qui donne sur le transept, un candélabre en style celtique très-richement orné, dont le corps est formé par une corne naturelle montée à jour, appartenant à la reine d'Angleterre ; plus loin, un très-beau groupe représentant la dernière entrevue du duc de Warwick avec sa femme, un autre groupe sur piédestal de marbre montrant l'entrevue de la reine Henriette avec le prince Rupert après la bataille d'Edgehill, sujets tirés de l'histoire de l'Angleterre. Trois candélabres attireront encore l'attention du visiteur. Ils sont exécutés dans le style grec et représentent la fête d'Anacréon, sculptée par M. Jeannest. Les seaux à rafraîchir ornés de bas-reliefs, copiés d'après ceux de la ville Albani, ont été achetés par la princesse Mathilde. Parmi les surtouts de table, on admirera quelques-uns en argent massif, celui représentant Eurichtonius, introduisant l'usage du cheval chez les Athéniens ; un autre la Dîme dans l'abbaye de Boston au bon vieux temps ; un troisième de grande dimension, avec deux bouts de table, représentant des scènes des comédies de Shakspeare. Tous ces objets sont dessinés par M. Grant. Le reste est composé de coupes, vases, candélabres, services de dîner, de dessert et autres spécimens d'argenture et de dorure galvano-chimique. Au milieu, on a placé de très-belles statues de bronze, savoir « Dorothée tirée de Don Quichotte, » « la Fille d'Ève » et « la jeune Naturaliste, » toutes les trois dues au ciseau de M. John Bell. Devant ces statues, une petite table en marbre vert antique, supportée par une Amazone terrassant un Jaguar. Les coins de ce compartiment sont ornés des bustes de la Reine, du prince Albert de Robert Peel et de Wellington.

Le carré suivant nous montre de très-beaux échantillons de la sellerie, et des lampes pour voitures et chemins de fer, des appareils de gaz, des plumes en acier, des objets en papier mâché, ornés d'incrustations, savoir : des tables de toilettes, des encriers, des nécessaires, des boîtes, etc. Plus loin, nous voyons des échantillons de tissus de laine de l'Ecosse, et, en remontant, à droite, des encriers, des cloches, des lampes d'une très-grande solidité et d'un très-bon goût : à gauche, du drap de Trowbridge. A côté de ce carré, en descendant, se trouvent, dans un grand carré, les porcelaines et les poteries courantes, de MM. Copeland, Rose et Danielle, dont nous avons vu les plus beaux échantillons dans les trophées de ces messieurs, qui se trouvent à la tête de ce carré. La ville de Glasgow a exposé dans le même carré ses marchandises célèbres. Les objets en ferblanc de Sheffield, dont nous avons également vu les plus beaux spécimens dans le trophée de cette ville, remplissent le carré suivant, avec l'exposition de l'industrie linière d'Irlande.

Nous proposons maintenant au visiteur de remonter l'allée nord, jusqu'au carré anglais du fond, adossé au mur du côté du sud, et qui se trouve derrière le carré de MM. Elkington, Mason et Cᵉ. Ici, il verra une belle collection de cheminées et de poëles de toutes sortes ; il remarquera surtout les cheminées fumivores de M. le docteur Arnott, c'est-à-dire des cheminées qui brûlent leur fumée ; des garnitures de harnais et des objets de serrurerie. Parmi les poëles, on remarquera dans la première allée transversale, la cheminée à registre de l'invention de MM. Benham et fils de Londres, et l'appareil de cuisine du même fabricant, qui lui a valu la grande médaille à l'exposition de Londres. Les grands avantages de cet appareil consistent dans le peu de combustible employé, dans la possibilité d'élargir ou de diminuer le feu à volonté, et dans la construction toute particulière du four à viande, pain, pâtisserie, etc., qui est chauffée sans l'aide d'une fournaise et qui peut s'enlever afin de nettoyer les tuyaux. Le même feu chauffe également la citerne à eau chaude placée derrière la cheminée. Ces appareils sont faits de dimensions variant de 4 à 7 pieds de large. Citons encore le poële pyropneumatique, qui se trouve sur le devant du carré dont nous venons de parler. Ce poële, de l'invention de M. Pierce de Londres, a un foyer ouvert, est fait en terre brûlée, sans mélange de fer, et consume très-peu de charbon, d'après l'inventeur, que nous sommes forcés de croire sur parole.

Parmi les serrures, nous citerons en face de ces poëles dont nous venons de parler, la serrure Albion inventée par M. Holland. Cette serrure est de 10 leviers et présente d'après l'indication peu claire de l'inventeur, 15, 168, 189, 140,000 changements. Ce nombre de changements (nous copions toujours sur l'affiche de l'inventeur) est dix fois plus grand que les serrures de quinze leviers ne pourraient donner, et à une minute par changement, jour et nuit, il faudrait 25,036,484 années de travail. Plus loin, nous trouvons des cloches, des baignoires, des machines pour nettoyer et pour boucher des bouteilles, et des modèles de cheminées fumivores du docteur Arnott. Les vitrines qui se trouvent autour du carré contiennent des tissus de toutes sortes d'Halifax, et la verrerie de la célèbre maison Chance et Cᵉ de Birminghan, où on admirera les lentilles de Crown-glass d'une grande dimension et d'une pureté remarquable dont deux objectifs, de 0,74 de diamètre. Le long du mur, on trouve un billard, entouré de dessus de tables, de manteaux de cheminées, et d'autres objets qui paraissent en marbre, mais qui ne sont que d'ardoise émaillée par un procédé inventé par M. Magnus, et qui imite le marbre d'une manière très-remarquable.

A côté, et le long du mur, sont des meubles de toutes sortes, des lits, des tables, des canapés, etc. Le carré qui suit est occupé par les porcelaines et faïences de la maison Minton et Cᵉ à Staffordshire. Ici, nous remarquons, dans la vitrine à main droite, un service de dessert très-élégant en porcelaine et en porcelaine-marbre (voir Copeland). Les quatre belles corbeilles, dans les coins, représentent les quatre Saisons, et les deux candélabres formés d'un Highlander en costume portant un trophée de chasse, sont très-beaux. Ces candélabres, ainsi que dix autres, ont été exécutés pour le propre usage de la Reine au château de Balmoral. Mais celle-ci, ayant appris combien ces deux candélabres plaisaient à l'Empereur des Français, s'est empressée de les lui offrir gracieusement. Les autres vitrines sont remplies de services en porcelaine de toutes sortes et de statuettes et groupes, parmi lesquels Caïn et Abel, la Mère et son Enfant, Diane et le Chasseur, les plus remarquables. Les vitrines du côté opposé contiennent entre autres des imitations de vieux Sèvres, le modèle de la toilette offerte par le prince Albert à la reine, et de très-beaux services de thé en rose Dubarry, et autres. Au centre, nous voyons des imitations de majolica et d'autres échantillons de la poterie anglaise très-remarquables, dont nous trouvons également des échantillons sur tous les escaliers du Palais. Citons encore la belle jardinière en majolica, au milieu, remplie de fleurs, avant de passer aux autres porcelaines de ce carré. Ce sont ceux de MM. Wedgood qui suivent parmi lesquelles de jolis groupes et statuettes, représentant Isaac et Rebecca, la Naissance de Moïse, etc. Mais ce qui attire surtout l'attention sur cette collection, ce sont les imitations de vases étrusques, et autres vases antiques, qui sont d'une rare beauté.

MM. Morley, Elsmore, Walker et d'autres, ont également des porcelaines et des faïences d'une grande beauté.

Après avoir examiné la collection très-remarquable des ouvrages en acier de Sheffield qui jouissent d'une réputation européenne, le visiteur arrive au coin sud-est du Palais, où sont étalés sur des comptoirs nombreux, les marchandises courantes qui se fabriquent à Manchester, c'est-à-dire les tissus de coton. Au centre de ce côté est, où nous nous trouvons, sont les modèles des constructions civiles de toutes sortes de l'Angleterre, viaducs, ponts, chemins de fer, piscines, etc. Citons entre autres celui des docks et du port de Sunderland, et celui du pont tubulaire qui relie l'Angleterre à l'Écosse, des modèles de vaisseaux, d'une prison mobile, etc. Ici on trouvera aussi les cartouches de MM. Schlesinger, Wello et C⁰ dont ils ont fourni 35 millions au gouvernement turc, dans un espace de six mois. Des pianos et un grand orgue d'église dans le fond, et les objets en marbre serpentine et ardoise, dans l'allée qui conduit de la porte est au transept, terminent l'exposition anglaise du rez-de-chaussée du Palais. Parmi ces derniers, on voit d'abord les produits de la *London and Penzance serpentine Company*, composés de belles cheminées, vases, obélisques, etc. Ensuite viennent des candélabres, dessus de tables et autres objets faits de mosaïque de verre, de marbre et de scagliola, de M. Stevens à Londres. Plus loin, on voit une colonne gothique de scagliola, de M. Dolan à Manchester. Tout près de la porte d'entrée, enfin, sont placés les ouvrages de M. Magnus à Londres, entre autres une cheminée d'ardoise incrustée, une autre imitant le marbre de Vérone, encore une imitant le lapis, enfin un bain d'ardoise imitant le granit.

GALERIES SUPÉRIEURES

Ayant fini l'examen du rez-de-chaussée, nous allons conduire le visiteur au premier étage, en le priant d'avancer jusque dans le coin nord-est, où un large escalier le conduira aux galeries. Cet escalier est décoré de vitraux et de stores français. Dans le vestibule se trouve un des petits buffets de rafraîchissements. En sortant sur la galerie, le visiteur fera bien d'avancer jusqu'au bord, pour jouir du beau coup-d'œil que présente la nef avec ses merveilles.

Le côté est du premier étage où le visiteur se trouve est occupé en allant du sud au nord, c'est-à-dire de gauche à droite, par la Compagnie des Indes, l'Égypte, Tunis, la Turquie, la Chine, la Grèce et la Toscane. La Compagnie des Indes faisant partie de l'exposition anglaise, nous commencerons notre tournée par

L'ÉGYPTE

L'*Égypte* ouvre la série. En face de la balustrade s'élèvent d'abord deux pavillons reliés entre eux : celui de gauche contient d'abord de la sellerie, des broderies en or et quelques ouvrages en filigrane d'argent ; celui de droite, des tissus ainsi qu'une vue panoramique de l'Isthme de Suez et du canal projeté. Par derrière s'élèvent deux autres pavillons également reliés entre eux et contenant toute sorte d'étoffes en laine, coton et soie. De là on entre dans une cour carrée occupée par des casiers vitrés : ceux du devant renferment les produits du sol, tels que céréales et fruits, de plus les produits minéraux comme le soufre, le bleu, le cuivre ; les casiers par derrière contiennent un grand nombre de livres imprimés en turc et en arabe sur toutes les branches de la littérature. Encore plus loin s'élèvent deux pavillons, dont celui de gauche renferme deux magnifiques tables et autres objets en albâtre jaune et blanc, celui de droite des toiles, des étoffes de laine, des pipes de terre cuite et d'énormes œufs d'autruche, etc. Enfin les pavillons adossés aux murs renferment des échantillons de coton brut, des vins, du sucre, des tapis, etc.

TUNIS

A gauche de l'Égypte se trouve l'exposition de *Tunis.* En avant, en face de la balustrade, un élégant kiosque composé de deux pavillons abrite, à gauche, des burnous, de la sellerie, un beau narghilé en argent ; à droite, des broderies sur étoffes, en or et en argent. Par derrière, deux autres pavillons montrent les différents costumes et vêtements de Tunis, les soieries, gazes, etc., entre autres un magnifique kaftan en drap brodé d'or ; enfin le pavillon du fond contient encore des étoffes, des burnous, de la sellerie, etc.

EMPIRE OTTOMAN

A gauche de l'exposition de Tunis s'élève celle de l'Empire Ottoman. Cette exposition, qui se signale par sa riche décoration, forme un vaste carré composé de quatre pavillons reliés entre eux par des couronnements qui en même temps forment les entrées par lesquelles on pénètre dans l'intérieur du carré. Le visiteur qui fera d'abord le tour du carré à l'extérieur, verra, en prenant la direction de droite et revenant à gauche, les magnifiques tentures et autres soieries de la manufacture Impériale d'Erékié (Jérusalem), ainsi qu'une collection de monnaies turques sorties de la Monnaie Impériale ; ensuite les étoffes brodées en or et en argent et d'autres étoffes de Saïda ; les soieries de Trébisonde, Brousse, Beyrouth, Alep et Marache ; les soies gréges de l'établissement français d'Ain-Hamadé au Mont-Liban ; les lainages et broderies de Seres, les tissus de soie et de laine de Janina et Denisli, enfin les châles, écharpes, bonnets et souliers brodés de Constantinople. Si l'on pénètre ensuite par l'entrée du devant dans l'intérieur du carré et en faisant le même tour, on apercevra à droite les pipes, tapis et objets en cuivre de Kaiseriée et de Cara-Hissar, les objets sculptés en bois et en nacre de Jérusalem, les tapis, tentures et écharpes de Smyrne, les soieries d'Amasia, les tissus de laine et de coton de Monastir et Scodra, les étoffes de Salonique et Niché, les porcelaines de la manufacture d'Indjer-Keuié, enfin les draps de la manufacture Impériale d'Ismitt (Damas). Au milieu du carré sont les armes blanches, les armes à tir et la coutellerie, ensuite la sellerie, enfin les instruments de musique du pays. La loge du fond et adossée au mur montre quelques photographies représentant des types nationaux et des portraits envoyés de Moldavie, ainsi qu'un projet d'un monument commémoratif de la promulgation du tanzimat et de l'alliance entre la Turquie, la France et l'Angleterre, envoyé par un architecte valaque, M. Bilezidkjo.

CHINE

L'espace à gauche de la Turquie est occupé par une belle collection de *produits chinois* exposée par la maison d'Alsème frères à Paris. Le petit pavillon du devant renferme des châles des Indes. Par derrière s'élève un carré rempli de vases, tasses, écrans, coffres, éventaux, allumettes odorantes et toutes les petites et grandes futilités du luxe et de la vie des Chinois. On y remarquera surtout un vase creusé, en pierre de lave, et orné de sculptures superbes, avec pied en bois de fer (175 fr.); un pavillon chinois en porcelaine, à cinq étages et d'une seule pièce, un brûle-parfum en bronze ciselé orné de monstres (600 fr.); un petit écran avec des paons brodés, sur soie, d'une finssse extrême, de grands paravents en verre peint, un tam-tam, un immense vase avec pied en bois de fer (2,050 fr.); un énorme paravent en laque rouge (1,800 fr), des stores de jonc végétal et ornés de peintures, de ravissantes tasses en cuivre émaillé et revêtu à l'extérieur de fils de bambous tressés avec une finesse extrême.

A côté est placé un beau guéridon en laque du Japon et incrusté de nacre (1,200 fr.); les charmantes tasses et objets en cuivre émaillés proviennent également du Japon. Plus au fond, on remarque un autre grand guéridon, richement sculpté, en bois de fer et recouvert d'une table en marbre rouge. Par dessus est un pavillon chinois de bois de fer sculpté à jour. Près de là, s'élève encore un carré où s'étalent un grand nombre de vases, paniers, tasses, etc. On remarque surtout une paire de vases énormes à fond jaune. Une vitrine, placée en face, contient des châles des Indes et de la Chine.

GRÈCE

L'espace à gauche de l'exposition chinoise est occupé par celle *de la Grèce,* remplissant plusieurs pavillons peints en blanc et en bleu, couleurs nationales de ce royaume. Le pavillon du devant renferme des cuirs tannés, des chaussures et une carte géographique de la Grèce et, par derrière, des soies gréges de Messénie, des écharpes, et des ceintures de soie en couleur, ainsi que des cordages. Un second pavillon, en face du premier, contient des objets et vêtements nationaux, tels que fez, capes, fustanelles, une cape de poil de chèvre, des bourses, des bonnets, des souliers brodés en or, des mouchoirs et des manchettes brodés en blanc et en or. Un troisième pavillon contient des vêtements de de femmes, entre autres, le costume d'une femme grecque, des *polkas* et des mantilles ; et, par derrière, le costume d'un Grec brodé d'or, des échantillons de caractères d'imprimerie. A côté, sont disposés des cadres avec des photographies représentant les monuments antiques de la ville d'Athènes. En dessous, on remarque le modèle d'une frégate, 144 espèces de bois ; enfin, un album contenant des fleurs cueillies sur les lieux classiques. — Suit l'exposition de la

TOSCANE

Examinons d'abord les objets disposés le long du mur dans les loges formées par les piliers. Au fond de la première loge, auprès de la porte, se trouve une belle glace de Montluçon. Par devant, on remarque un beau guéridon peint et verni et imitant le marbre et les pierres dures ; ensuite, une table de marqueterie de Truci à Florence, et une superbe étagère sculptée de Lambardi à Sienne. La deuxième loge contient plusieurs meubles de bois plaqués de Romagnani à Pistoie, des meubles imitant le laque de Chine, enfin un buffet sculpté de Lambardi et des tables de mosaïque en pierre dure, de Bianchini, à Florence. La troisième loge contient des parquets en marqueterie de Florence et un fauteuil sculpté de Mazzinghi à Florence. Dans la quatrième, sont disposées des toiles cirées, des objets en terre cuite et des échantillons de marbre.

En face de ces loges, s'ouvrent plusieurs allées parallèles que nous allons maintenant parcourir. Dans l'allée en face de la troisième loge, on voit un superbe candélabre en serpentine de Prato, un vase étrusque en scagliola, un coffret de marqueterie. Mais avant tout, on s'arrêtera devant trois objets en bronze, de Papi, à Florence : l'un est une copie de la tête de David de Michel-Ange (3,750 fr.), l'autre est une copie du Persée de Benvenuto Cellini (8,400 fr.) ; au milieu est placé un *aloes fructescens*, également en bronze. Sur l'étalage carré et au bout de l'allée, sont disposés les produits de la manufacture de porcelaine du marquis Ginori, à Florence. On y remarque surtout plusieurs beaux bas-reliefs en porcelaine de couleur, des statuettes en biscuit des hommes illustres de l'Italie, et quelques bonnes peintures, copies de maîtres italiens. À côté de ces porcelaines, se trouvent les belles mosaïques de la manufacture royale de Florence, entre autres une table de porphyre ornée de mosaïque en pierre dures. L'allée se termine par l'exposition des admirables reproductions des anciennes majoliques italiennes, de Freppa, à Florence.

Dans l'allée parallèle, à droite de la précédente, sont les chapeaux et les tresses de paille de Florence, plusieurs vases en serpentine, une grande coupe également en serpentine de Prato, ainsi qu'une belle cheminée en marbre jaune de Sienne. Devant cette allée et près de la balustrade, on voit les cotons filés et les soies grèges et quelques impressions typographiques de Florence. L'allée parallèle de droite, enfin, contient les tissus, quelques vases en porphyre et une belle coupe d'albâtre agate. Par devant et en face de la balustrade, on voit des cordages, des serrures et des faïences.

Pour prendre les États de l'Italie ensemble, nous proposons de visiter maintenant les expositions des États Ecclésiastiques et de la Sardaigne, qui sont à quelques pas de là.

ETATS PONTIFICAUX

Les États Pontificaux ont étalé devant leur loge trois tableaux en mosaïque et beaucoup de petites pièces pour broches, en mosaïque, du prix de 4 fr. 50 c. On sait que les Romains savent très-bien faire ce genre de travail, mais nous verrons tout à l'heure les pièces principales. Jetons, en attendant, un coup d'œil sur les vitrines où nous voyons de beaux échantillons de filatures de soie blanche et jaune. En faisant le tour, nous voyons encore, de l'autre côté, des mosaïques pour broches, etc., plus belles que les premières ; quelques échantillons de terre et argile pour la céramique, et argile du mont Janicule, et, à la fin, une vitrine remplie de jolis objets en corail, entre autres un Christ très-bien sculpté sur un seul morceau, qui vaut 150 fr., de très-jolis bracelets dont celui du milieu vaut 500 fr.

Les célèbres cordes (pour violons, etc.) de Naples occupent le coin. Au-dessus d'elles, on a placé une sainte Vierge en cire, de M. Nicolas, de Paris.

On aura remarqué, au commencement et à la fin, quelques très-belles photographies de monuments de Rome. Regardons encore, avant d'entrer dans la loge, devant elle, la colonne de Trajan en bronze doré sur un piédestal de marbre, un petit bureau-toilette de dame, et le *psalizomètre*, invention de M. Scariano, à Palerme, et servant aux tailleurs, pour la coupe des habits d'homme.

Entrons maintenant dans la loge, après nous être arrêté aux camées de M. Michelini, à Paris, qui sont auprès de la porte, et parmi lesquels l'empereur Napoléon, très-bien réussi. En tournant à droite, nous voyons de magnifiques tables en mosaïque de marbre, parmi lesquelles on distingue celle qui porte des pigeons buvant dans une nappe d'eau, une autre à côté, avec Romulus et Rémus, nourris par la louve au milieu, et, autour, les plus beaux monuments de Rome et de Milan. M. Michelini a placé, à côté, d'autres échantillons de ses camées, parmi lesquels le buste de la Vénus de Milo et celui de l'Impératrice, très-remarquable, et, au-dessus, un très-joli petit tableau en mosaïque, représentant saint Michel, de Raphaël. Au milieu, un grand tableau magnifique, représentant le Forum, exécuté en mosaïque avec un art très-remarquable. A côté, à main gauche, un chien couché est fait, par M. Poggi, de cailloux de la Seine. Vu d'un peu loin, on le prendrait pour un produit des Gobelins. Au-dessous, une très-belle reproduction de la colonne Trajane, et une autre en bronze doré. De l'autre côté de la porte, une table de stuc, incrustée de marbres imités avec la même matière ; une table de marbre, sculptée avec relief et creux, obtenus par le procédé de la lithographie ; à côté, des fleurs artificielles, en cire, d'une grande perfection.

En sortant par la porte, on voit en face Napoléon Ier, en mosaïque, et, aux côtés, des tapis, imitation bien imparfaite des Gobelins, et des draps pour les troupes papales, faits à l'hospice apostolique de Saint-Michel-à-Ripa. En bas, des fleurs artificielles en cocon, et différentes mosaïques, parmi lesquelles une reproduction, en petit, des pigeons que nous avons vus dans la loge, sur une table.

A côté des États pontificaux se trouve

LA SARDAIGNE

La Sardaigne débute par une grande couverture composée de peaux teintes. Une couverture de lit, faite de fil de Flandre, et brodée à l'aiguille, est à main droite, et des bottes et des souliers, à gauche. Sur la table, on voit un petit modèle d'une ruine, à droite, et des boutons pour fleurs artificielles, et de petits fruits joliment arrangés à gauche. Le deuxième étalage nous montre des pipes et des porte-cigares d'écume de mer, sculptés, de M. Duployez de Sonnet, à Turin ; des couvertures, très-habilement faites de petits morceaux de drap de différentes couleurs ; des tissus de laine et de coton, une robe, etc., et au-dessous, sur la table, du papier réglé, des chapeaux de feutre, un beau petit groupe en plâtre, représentant Napoléon Ier et le roi de Rome. De l'autre côté, il y a de la toile, des tulles de coton, des broderies, etc., et au-dessous, sur la table, un instrument de géométrie, de M. Gibello, et des échantillons de filature. Sur le devant, vers la nef, on voit des échantillons de filature de soie, des lithographies et des tableaux exécutés sur broderies, qui ont valu à l'exposant, M. Stefani à Turin, la médaille de prix, à Londres, en 1851.

Autour de l'étalage suivant du milieu, sont les célèbres broderies de Gênes, d'un travail très-remarquable, exposées par MM Costa et Tessada. Sur le haut, des fruits imités, en cire, de M. Valetti, en Piémont, d'une grande beauté, et qui nous paraissent supérieurs à ce que nous avons vu en bas, dans l'exposition française.

Les brosses qu'on y voit se distinguent par l'excessif bon marché. — Le troisième étalage commence par l'exposition de montres et de mouvements d'horlogerie, de l'école royale d'horlogerie à Cluze, près Genève, dont la perfection a valu à cet établissement la médaille de prix à Londres. Des violons de M. Rocca, à Gênes, se trouvent à côté. De l'autre côté, une boîte destinée à contenir l'épée que Napoléon Ier a portée à la bataille de Marengo, avec incrustation en os, deux queues de billards également incrustées d'os et de bois, des instruments de chirurgie, quelques reliures, et quelques bouteilles qui se distinguent par leur petit nombre et leur infériorité.

Des meubles en marqueterie et des animaux empaillés finissent l'exposition de la Sardaigne. Parmi les premiers, on remarquera sur le devant, du côté ouest, une grande bibliothèque avec des tableaux en mosaïque de bois représentant différentes scènes de l'histoire de l'Italie. C'est M. Ciando à Nice qui expose cette bibliothèque qui lui a déjà valu la médaille de prix à Londres. Mais M. Bertalotto, son principal ouvrier, qui pense maintenant à faire sa fortune après avoir fait celle de son maître expose lui-même, à côté, des tables en marqueterie, en mosaïque de bois d'un très-beau travail, que l'on verra sur le côté qui regarde la nef.

FRANCE

Maintenant nous sommes forcés de redescendre la galerie jusqu'à la porte par laquelle nous sommes entrés, pour pouvoir prendre les produits français ensemble. Le visiteur a déjà remarqué la grande et belle glace en face de l'entrée, qui est fabriquée et exposée par les manufactures de Montluçon.

En remontant la grande galerie du nord, on a devant

soi les tissus des manufactures françaises. Les allées qui longent le mur contiennent les célèbres soieries et les châles de Paris, Lyon et Saint-Étienne. Au milieu sont les broderies en or, argent et soie de Paris. A gauche et les plus rapprochées de la balustrade, se trouvent les vitrines des passementeries et confections de Paris, les tissus de Valenciennes, Cambrai, Amiens, Saint-Quentin, Sainte-Marie, Nîmes, Mulhouse, Rouen, les broderies de Paris, Nancy et Tarare, les fleurs artificielles et les plumes de Paris, les tapisseries et la magnifique collection des dentelles. Au bout de ces allées, sont les soies gréges teintes, ainsi que les vers à soie. Au milieu de la grande galerie, est l'entrée du grand escalier d'honneur. A droite de l'entrée se trouve une loge contenant les tapis et tapisseries d'Aubusson. Le pavillon de l'escalier est décoré de tapisseries, et de tapis magnifiques des fabriques de MM. Réquillart, Laroque et Jacquemont, de M. Braquéné, et de M. Sallandrouze de Marseille. Parmi ces derniers, on remarque un tapis représentant le port de Marseille. Au plafond du vestibule est suspendu un splendide lustre de cristal de Baccarat. La grande croisée du milieu est ornée d'un vitrail représentant la Ville de Paris distribuant des couronnes de lauriers.

L'escalier est flanqué, à droite et à gauche, de deux corridors; celui de droite conduit aux bureaux de la commission Impériale; dans celui de gauche, conduisant au salon d'attente de l'Empereur, on voit une énorme glace étamée de Saint-Gobin, 5 mètres de haut sur 3 m. 15 c. de large, et dans un magnifique cadre de bois doré.

En rentrant dans la galerie, on voit à gauche près de la porte, le salon et le boudoir de l'Impératrice.

Le premier salon ainsi que les meubles qui le garnissent sont ornés de tapisseries très-élégantes brodées par les demoiselles de Saint-Cyr sous la direction de

Mme de Maintenon ; ces tapisseries ont été vendues dans la première révolution, et rachetées en 1846 par MM Mégard et Duval, tapissiers de S. M. l'Empereur. Sur la table, à main gauche, on remarquera un presse-papier en malachite de Russie, qui a servi à Napoléon Ier à Sainte-Hélène.

Auprès de la porte, on voit une petite voiture à bras très-élégante, ornée de peintures, qui a été donnée à Sa Majesté l'Impératrice lors de sa visite à Londres par le prince Albert, et qui sert à Sa Majesté pour visiter l'Exposition. Le plafond du salon est peint sur toile. Le petit boudoir qui est au fond, est tapissé en soie rose et chocolat ; la belle glace qui orne la cheminée, est une ancienne glace de Venise ; devant elle, on re-marquera un petit chef-d'œuvre en bois sculpté, fait par un jeune artiste, M. Boriot. Les deux petits meubles, dont le bureau est orné de lapis, sont du temps de l'Empire ; le petit contrebandier Andalou sur la jardi-nière, un souvenir du pays natal de Sa Majesté. La belle glace et les deux candélabres en argent massif, sont de la maison Hun t et Roskell de Londres.

En sortant de ces salons, nous avancerons jusqu'à la balustrade de la galerie, pour examiner la bijouterie française.

Les premières vitrines sont consacrées aux bijoux faux, et à ceux en bronze et en acier. On y remarque tout d'abord la vitrine de M. Dufour, contenant de la bijouterie pour deuil, en jais, entre autres toute une garniture de cheminée. Une autre vitrine, celle de M. Henry, renferme avec des objets d'acier poli, une magnifique épée à poignée d'acier avec le chiffre im-périal ; elle a été commandée par l'Empereur des Français. Viennent ensuite des bonbonnières de tout genre, ensuite les bijouteries de M. Masson, parmi les-quelles une coupe en verre rubis et bronze doré, avec les portraits de l'Empereur et de l'Impératrice, attire votre attention. Les vitrines suivantes contiennent des objets en nacre et des flacons : on y remarquera surtout ceux de M. Quétard et de M. Cornillon. MM. Thirion et Guidon exposent de très-beaux objets avec mosaïques fines, camées et peintures. Dans la vitrine de M. Marguerie on remarquera entre autres un coffre de bronze doré, percé à jour avec doublure en soie rose et orné de peintures représentant différents monuments de Paris, entre autres le Palais de l'Industrie. Voici maintenant la vitrine de M. Dotin, avec un grand nombre de tasses, de coupes, de vases et de flacons, avec peintures émaillées sur or, argent, platine et cuivre : on y remarque surtout un magnifique service à dix-huit tasses (1,800 fr.), une coupe émaillée sur argent (800 fr.). Les vitrines suivantes sont remplies d'objets émaillés de jaspe et de lapis. Voici ensuite M. Pligne avec un énorme bouquet en argent, celle de M. Greliche exposant des fleurs d'ivoire avec feuilles et tiges de cuivre doré et émaillé, M. Faasse avec ses bijoux dorés et mats ; enfin, toute une série de vitrines remplies de perles imitées, parmi lesquelles on remarque surtout celles de M. Constant-Valès, avec un énorme bouquet de perles de toutes couleurs.

Voici maintenant les bijouteries et orfévreries vraies. La première vitrine appartient à M. Jarry aîné : on y remarque une belle table en mosaïque de lapis, montée sur argent massif et argent doré (35,000 fr.) ; une épée d'argent et d'or plaqué, avec poignée de lapis (1,800 fr.) ; un porte-cigares en argent massif et or plaqué, surmonté d'un groupe de Chimères (6,000 fr.) ; un petit coffre d'argent massif et ciselé, surmonté de la figure du Tasse, et orné de hauts-reliefs représentant des scènes de la *Jérusalem délivrée* (1,200 fr.) ; un presse-papier représentant un lion en lutte avec un serpent : le lion est en argent, le serpent en argent et émaillé en vert, tandis que le tronc d'arbre autour duquel il est enroulé, se compose d'un seul morceau de corail, un des plus grands que l'on ait vus jusqu'ici; le prix de ce bijou est de 2,000 fr.

La vitrine suivante appartient à MM. Robert et Barri : elle renferme un grand nombre de magnifiques camées, de coquilles, pierres fines, corail, malachite, lave, des mosaïques de Rome et de Florence. Parmi les vitrines suivantes, on distingue celles de M. Roucou avec des bijoux et armes damasquinées, M. Ray et M. Gentilhomme avec des chaînes et des bracelets d'or, M. Payen avec de la bijouterie de filigrane d'or, M. d'Afrique avec des parures et des bijoux d'or avec pierres fines, entre autres une superbe coiffure dite *Bérthe*, en filigrane d'argent ; M. Halley avec sa collection de décorations. Dans la vitrine de M. Bégard, on remarque une statuette d'argent estampé pesant 800 grammes et représentant Gaston de Foix, commandant de l'armée d'Italie en 1512. M. Bruneau expose une belle collection de tasses d'argent et de vermeil, de nécessaires de voyage, de tabatières et de flacons.

La vitrine de M. Mellerio offre beaucoup de choses remarquables : on y voit, entre autres, une parure de diamants remplie de briolettes qui tremblent et s'agitent au moindre mouvement, une parure en perles noires et diamants d'un très-grand prix, une montre en or et diamants très-élégante, une rosace, une grande broche en diamants, mais surtout deux pièces, une petite broche représentant une madone et un bouquet de fleurs des champs en pierres fines, des couleurs les plus variées. Après lui vient M. Lecointre avec une foule d'objets magnifiques ; il faut voir surtout une coiffure et une plaque de corsage splendides ; la coiffure est faite avec des feuilles de lilas, le corsage est composé de feuilles d'eau et de perles. On remarque encore une petite coupe et un coffret d'argent, des vases sacrés de très-bonne forme ; deux livres de messe, l'un en or, l'autre en argent ; une paire de ciseaux niellée et plusieurs jolies broches.

M. Petiteau expose surtout des bijoux de corail et de grenat montés avec de l'argent. Dans la vitrine de MM. Marret et Jarry, on remarquera entre autres, une parure de diamants sur fond bleu clair, une autre avec des turquoises et des diamants, des opales, des perles, un bracelet avec une opale d'énorme valeur, une parure en rubis et diamants, un flacon très-riche, etc. Dans la vitrine suivante, appartenant à M. Lemoine, on admirera une broche en saphir avec des diamants, une parure de corsage toute en diamants de forme nouvelle : une pluie d'étincelles blanches s'échappe du sein des fleurs mobiles scintillantes et coquettes ; la monture disparaît sous les facettes brillantes ; à côté de cette parure, on en voit une autre en fluxia et encore une d'émeraudes et de diamants; enfin deux bracelets de pierres de couleur très-précieuses.

La vitrine de MM. Marret et Beaugrand est une de celles qui méritent le plus de fixer notre attention. Il faut remarquer une guirlande de bleuets, où il n'y a pas une seule très-grosse pierre et qui coûte néanmoins 35,000 fr. ; un collier de perles et de diamants, un autre de rubis et de perles, encore un de perles d'Ecosse, toutes pareilles et blanches ; un chapelet de perles, terminé par une croix byzantine émaillée ; deux miroirs de main en argent et ivoire ; un coffret à cigares supporté par quatre nègres (6,000 fr.); un superbe bracelet de perles de toutes couleurs ; enfin un livre de messe composé d'un seul morceau de jaspe dans lequel on a incrusté une croix de grenat.

Voici maintenant la vitrine de M. Rouvenat. On y remarque un sabre incrusté de lapis, d'émeraudes, de grenats et de diamants : toutes ces pierres courent sur des fonds émaillés. On admirera ensuite une énorme et magnifique garniture de diamants ; le milieu des fleurs qui la composent est monté en or, les corolles sont en argent, les étamines en rubis. Il faut mentionner aussi une épée très-riche en argent et or, avec un chiffre en brillants sur fond d'émail couleur de smalt ; un bracelet avec un lézard ; une jolie broche en diamants où un aigle, les ailes étincelantes, s'échappe d'un nid de perles rosées ; enfin, un ostensoir, incrusté de rubis, d'émeraudes et de diamants : on y voit les quatre Évangélistes, l'Agneau sans tache et la Foi.

Après cette vitrine, c'est celle de M. Morel à Sèvres. Il expose le fac-simile d'une coupe commandée par le duc de Luynes. Elle représente Persée tuant le monstre pour délivrer Andromède. La coupe et le rocher de l'original, que l'on voit dans la nef, sont d'un bloc de jaspe oriental de 80 livres; les figures et les ornements de la monture sont en or, de 22 carats, repoussé et émaillé ; rien n'y est fait par la fonte. Le prix de ce chef-d'œuvre est de 70,000 fr. On voit encore dans la même vitrine une magnifique châtelaine incrustée de pierres fines (6,000 fr.) — La vitrine de M. Thénard, une des dernières de la bijouterie vraie, contient de beaux cachets d'or, d'argent et de bronze.

Les vitrines suivantes sont remplies pour la plupart de bijoux de pierres fausses. On y distingue surtout celles de MM. Savary et Mosbach, de MM. Bouillette et Hyvelin, de M. Masson ; ensuite, vient celle de M. Garandy de Marseille avec des coraux bruts et ouvrés, celle de M. Gourdin, à Paris, avec des bijoux de corail ; dans cette dernière, on voit, en dessous, un rocher de corail pêché aux bouches de Bonifacio, à l'endroit où a péri la *Sémillante*. On arrive ensuite aux vitrines des lapidaires. Puis, vient la vitrine de MM. Chiquet et Taverni, où l'on remarque entre différents objets d'or et d'argent un coffret de cristal incrusté d'arabesques d'argent. MM. Robineau, Sorin frères exposent des médailles de sainteté, croix, reliquaires d'or, d'argent et de cuivre. L'allée est terminée par des vitrines renfermant des objets d'or doublé et d'acier poli.

Il nous reste encore de ce côté nord les expositions du Portugal et de l'Espagne, qui se trouvent derrière la bijouterie que nous venons d'examiner.

PORTUGAL

Le Portugal débute par une collection de marbres, dans laquelle quelques échantillons de marbres transparents.

Dans la vitrine suivante, des étoffes de soie légères. Autour du trou qui donne dans la galerie en bas, des échantillons de bois précieux de ce pays, comme l'acajou, de Sico, de Teca, des cigares, etc. Sur le haut, on remarquera 4 petits tableaux brodés à la main.

A main droite, des nattes, et une douzaine de caisses ornées des armes du roi de Portugal et contenant des échantillons de tabac à priser.

Le deuxième carré contient la porcelaine, qui se distingue par son très-bon marché, et quatre statuettes très-jolies en filigrane. Dans les cases autour, il y a du papier fait d'aloès, et qui est d'une très-grande solidité.

Dans la vitrine du devant qui regarde la nef, on voit des étoffes de coton, des parapluies, etc., mais les objets les plus remarquables de cette vitrine sont un bouquet de fleurs imitées de plumes d'oiseaux, par les dames Late et Soare de l'île Saint-Michel, et qui se trouve dans le coin à main gauche, et d'autres imitations de fleurs faites de la moëlle du figuier, par les dames Madruga de l'Archipel des Açores. Un vase immense de la hauteur de 1 m. et demi en porcelaine, est très-remarquable comme premier essai de la fabrication de porcelaine en Portugal, pour produire des vases de cette dimension.

ESPAGNE

Dans le premier étalage, nous voyons des draps. Autour du trou, des échantillons de poterie en porcelaine et en faïence, avec les échantillons des terres employées.

Sur les côtés, se trouvent à gauche des dentelles et des tulles remarquables par leur bon marché, malgré leur bonne exécution. Ainsi on voit à main gauche une broderie en or fin qui ne coûte que 25 fr. le mètre, une belle mantille pour 480 fr., etc.

Le côté opposé contient les articles courants de tissus de laine et de coton, bien conditionnés et à bon marché. Les dessins sont naturellement adaptés au goût et aux habitudes des consommateurs.

Au second étalage, on remarque d'abord à main gauche, un très-beau vase modelé en cire, une épée damasquinée ornée de ciselures et de pierres précieuses, des ornements d'église, et un bel écritoire en argent appartenant au duc de Valence, avec l'inscription : *Al hombre de estado honor y gloria.* Un lion debout est sur un beau piédestal entouré de trophées de guerre. Une couronne de lauriers en or appartenant au duc de la Victoire, et à côté d'elle un joli petit picadore, piquant le taureau en argent, seront encore remarqués.

En continuant à droite, nous voyons des bas-reliefs en plâtre, reproduction de l'Alhambra, et sur le panneau du grand carré des photographies ; de très-jolis tableaux sur porcelaine représentant les costumes pittoresques de Valence, et des médaillons en cire modelée représentant des combats, faits avec une grande perfection, et, au-dessus, les mêmes médaillons ciselés en fer. On remarquera encore deux oiseaux en relief ciselés dans le fer d'une exécution très-remarquable. A côté, on voit de belles armes à feu, appartenant au roi d'Espagne, damasquinées, et un couteau de chasse avec sculpture.

Le milieu est occupé de quelques meubles, parmi lesquels un secrétaire en marqueterie (mosaïque) de bois, et deux pianos. Sur le devant, l'Espagne a étalé de très-belles étoffes riches de soie, des velours et des chenilles. On remarquera encore un lustre de métal blanc suspendu, avec une petite statuette du Christ au milieu, d'un très-joli effet. D'ici nous entrons en

SUISSE

Le côté du vaste carré où l'on entre, est occupé par des loges abritant de magnifiques broderies au plumetis et au crochet, dans les dessins les plus riches et les plus variés. Plusieurs dessins représentent des sujets, tels que le buste de Napoléon III ressortant des contours du feuillage de deux arbres ; un autre représente un soldat anglais et un soldat français se tendant la main; au-dessus, on voit les armes des deux pays ; un troisième nous montre une immense cour d'un cloître gothique ornée d'une fontaine.

En continuant, on parvient à l'entrée de l'escalier nord-ouest. Des deux côtés de la porte, on remarque plusieurs paysages en relief qui, au premier aspect, ne semblent être que des joujoux : ce sont tout bonnement des œuvres d'art dans leur genre. En approchant, on voit que ces paysages sont des reliefs microscopiques ; l'inventeur, M. Vogelsang de Soleure, à côté de ses produits, présente aux visiteur des loupes pour qu'ils puissent examiner les tableaux en détail. Le plus grand, parmi les tableaux exposés, représente l'Ermitage de sainte Vérène près de Soleure, il mesure

à peu près un pied et demi carré et se distingue particulièrement par la reproduction microscopique d'une
riche végétation et par l'harmonie du terrain, encadré
de rochers imposants et pittoresques. Sur des rosiers
de deux lignes de hauteur on aperçoit de petits points
rouges qui, vus à la loupe, sont des roses centifeuilles, des églantiers et d'autres espèces de roses ; chaque
feuille peut en être analysée botaniquement ; on distingue ses nervures, ses pétioles, ses dentelures. On
reconnaît aussi distinctement sur les rochers, les gentianes à tige courte, la campanule à feuilles rondes,
ainsi que les renoncules, les paquerettes et les chrysanthèmes semés sur le gazon ; le populage, la cardaline,
le myosotis bordant le ruisseau, comme le fraisier avec
ses fleurs et ses fruits sur les rochers, dans les broussailles et dans la forêt ; que l'on regarde aussi le jardin
de l'ermite, on y distingue parmi d'autres plantes le
glaïeul, la tulipe, la digitale, la hyacinthe. Sur les
écueils des rochers, en haut, on pourrait compter de
5,000 à 6,000 feuilles bien conformées sur un hêtre de
18 lignes de haut, de même que sur les autres arbres
et arbustes. Parmi les papillons voltigeant sur l'herbe
ou se balançant sur les fleurs, le naturaliste distingue
une foule d'espèces fidèlement représentées. Sur les
arbres, il y a des moineaux, des merles, des pinsons,
de très-beaux pivoines, des écureuils. En bas, on voit
une quantité de figures d'hommes et d'animaux. Ce
relief retourné et encadré dans un appareil optique est
grossi de 30 à 40 fois. Ce travail, véritable épreuve de
patience, est fait de bois, soie et ivoire, sculptés ou
découpés. Son auteur y a travaillé pendant sept ans, et
quand on prend en considération que cette œuvre est
peut-être unique dans son genre, on ne trouvera pas
le prix de 15,000 fr. trop élevé. M. Vogelsang a encore
exposé deux autres reliefs confectionnés de la même
manière. L'un représente un jardin des plantes avec

ses arbres, arbustes et plantes différentes. On y remarque une grotte, une cascade, la piscine, la fontaine
et l'habitation du jardinier ; le jardin repose sur une
base en stalactite ornée de coquillages, coraux, échyno-
dermes et de beaux minéraux. L'autre relief représente les fameux glaciers de Monch et de l'Eiger dans
leur pittoresque et grandiose réalité.

Le visiteur examinera, avant de poursuivre l'examen
de l'exposition suisse, le pavillon de l'escalier, près duquel il se trouve. Les croisées sont ornées de vitraux
peints, dont un d'Aix-la-Chapelle en Prusse, d'autres
de M. Didron, à Paris, parmi lesquels *l'Enfant Christ
dans la crèche ;* d'autres encore de M. Laurent-Gsell
à Paris, parmi lesquels *l'Éducation de la Vierge* et la
Femme adultère. Sur le palier de l'escalier, à droite
on remarque une superbe glace étamée de 9 pieds
7 pouces anglais de hauteur et encadrée dans un cadre
en bois doré magnifique. Au milieu du vestibule est placé un pendule à mouvement continu pour la démons-
tration permanente du mouvement de rotation de
la terre : M. Léon Foucault à Paris en est l'auteur. Par
devant, on voit un magnifique lion empaillé, exposé
par la maison de fourrures *A la reine d'Angleterre* à
Paris. Ce lion a été tué par le célèbre lieutenant Gérard
et il coûte 1,500 fr.

En rentrant dans la galerie et remontant la salle dont
nous venons de parler, on voit à droite des étoffes en
coton imprimées de Zurich et des fourrures de Lausanne. Au côté de la salle adossée à l'exposition de l'Espagne, s'élève un joli petit châlet découpé et percé à
jour ; il est placé entre des collections de fusils et de
pistolets.

Au milieu de la salle et tout près du châlet se trouvent des pianos bien construits et à bon marché. Le
carré voisin est occupé par des vitrines contenant des
verres pour montres, des vers à soie dans toutes leurs

transformations, de la coutellerie, des blondes. Dans une de ces vitrines on remarque deux plaques ressemblant à des planches de cuivre gravées ; l'une représente l'Alhambra, l'autre le Palais de cristal de Londres. Ce ne sont que des imitations de taille-douce faites avec des fils de laiton très-ténus fixés dans du bois. L'auteur, M. Knecht à Glaris, offre 2,000 fr. à celui qui fera ces objets exactement, pendant le même espace de temps et avec la même finesse. Enfin, le même carré abrite encore des boîtes à musique. Le carré suivant appartient aux tissus pour farine, aux rubans et aux boîtes à musique, parmi lesquelles il en est une qui joue les ouvertures de *l'Étoile du Nord* de Meyerbeer et de *Marco Spada* d'Auber.

Le carré le plus rapproché du mur est celui de l'horlogerie de Genève, Lausanne, Locle, Neuchâtel et la Chaux-de-Fonds. C'est là une des industries principales de la Suisse. On y voit des montres de toutes grandeurs, de tout métal, ornées de pierres fines ou émaillées, décorées de portraits, de paysages guillochés, voire même de cartes du globe. Il faut regarder surtout des chronomètres de marine et une montre ornée, sur le revers, du serment du Rutli, de M. Grandjean au Locle ; les grandes montres chinoises de MM. Bovet frères à Fleurier ; les camées, bracelets et broches à montres de MM. Mayer et Cᵉ à Neuchâtel ; une chaîne de montre munie d'un compas ; deux avec les portraits émaillés de l'Empereur et de l'Impératrice des Français ; enfin des pièces d'horlogerie en tout genre.

Quand on retourne ensuite jusqu'à la porte de l'escalier et que, de là, on longe le mur de la galerie, on rencontre une série de loges avec des mousselines unies ou brodées ; le fond des loges est décoré de magnifiques broderies en blanc et en couleur, surtout celles de M. Altherr, de MM. Tanner et Kohler, et de MM. Alder et Mayer. La seconde loge après l'escalier contient un rideau figurant l'apothéose de Napoléon ; celui de la loge suivante représente Napoléon couronné par la Victoire. Le côté droit de la salle, formant angle avec le mur que nous venons d'examiner contient encore des broderies ; par devant, se trouvent trois élégants guéridons en noyer, sculptés et ornés d'images en couleur. Plus loin, une grande vitrine renferme les magnifiques broderies de M. Depierre à Lausanne, entre autres un mouchoir brodé, le plus fin de toute l'Exposition, au prix de 1500 fr. ; de plus, un prie-Dieu en chêne, recouvert de velours et orné de broderies à l'aiguille en paille. Les vitrines des deux autres côtés de cette salle contiennent des tissus de coton et des étoffes imprimées.

Au milieu de la salle, s'élèvent quatre rangées de vitrines en carré : les vitrines regardant le mur renferment les broderies fines de Saint-Gall et d'Appenzell, celles de droite et de gauche les rubans de Bâle et les tissus de coton de Saint-Gall ; les vitrines placées au côté opposé du mur, les objets sculptés en bois : on y remarque, outre un grand nombre de petits châlets, d'éventails, de couteaux à papier, de figurines et statuettes, une cassette et un vase de M. Baumann à Brienz, une cassette sculptée en noyer de M. Michel à Brienz, et un magnifique vase sculpté de M. Fluck à Brienz. Une longue vitrine placée tout près et dans l'axe de celle des bois sculptés, contient les tresses de paille du canton d'Argovie; ce sont des garnitures pour chapeaux, des tissus, fleurs et bouquets. Enfin le centre proprement dit de cette allée est occupé par les soieries, produits des nombreuses fabriques du canton de Zürich.

Quand on se dirige de là en avant vers la balustrade de la galerie, on voit, dans l'allée du devant, à gauche, des tissus de coton d'Argovie, et plus loin, dans un énorme cadre, une intéressante collection de petits hauts-reliefs en ivoire gravé pour agrafe, des tableaux en ivoire gravé ; parmi ces derniers, l'un représente la reine Victoria à cheval ; de plus des broderies en cheveux et quelques épreuves photographiques ; en suivant la même allée, à droite, on voit encore des cotonnades de Saint-Gall.

HOLLANDE

En suivant cette direction, on arrive à l'exposition de *la Hollande*, occupant tout le centre de la galerie haute. Par devant et du côté de la balustrade on remarque, à gauche, une collection d'objets du Japon, tels que meubles et coffres en laque, ustensiles etc. ; à droite, des meubles de différentes fabriques néerlandaises. En remontant ce compartiment, on voit, à droite, des instruments de mathématiques, une collection d'objets de toute nature fabriqués par les aveugles de l'institution d'Amsterdam, des parfumeries, des orfévreries et bijouteries, entre autres un magnifique bouquet en diamants. Plus loin vient une collection de modèles de navires ; on y voit, entre autres, le modèle d'un mât en fer avec sa coupe, pour des navires jaugeant 1,000 tonneaux ; le modèle d'une position de bombarde de la corvette de l'État, *la Proserpine* ; des modèles des chameaux en usage au XVII° siècle pour faire passer les navires sur les bas-fonds ; le modèle d'un bateau de rivière avec tout son matériel ; enfin le modèle d'une pompe de navire d'invention nouvelle.

On arrive ainsi au fond du compartiment, formant une vaste loge décorée par trois magnifiques tapis en laine d'énormes dimensions. Ceux des deux côtés sortant de la manufacture royale de Deventer, imitent les tapis de Smyrne : ils sont du prix de 1,200 et de 1,800 fr. Celui qui est placé au-dessus de la loge, de la manufacture de MM. Bon et C° à Amsterdam, mesure 8 mètres carrés, et coûte 7,000 fr. Parmi les nombreux et divers produits placés dans la loge, on remarque surtout une curieuse collection envoyée par le gouverneur général des Indes néerlandaises : ce sont des armes ayant appartenu à des chefs japonais, et des objets faits par les indigènes de l'île de Java ; plusieurs sabres enfermés dans des fourreaux de bois sculpté, sont ornés de diamants, de pierres fines, d'or et d'argent. Il y a en outre plusieurs excellents chronomètres-compensateurs, un hygromètre et d'autres instruments de mathématiques et de physique. N'oublions pas un assortiment d'aimants permanents, dont un de 105 kilogrammes.

En retournant ensuite vers le devant de la galerie, on rencontre à droite les modèles des célèbres écluses de Flessingue et de Middlebourg, ainsi que le modèle d'une pirogue de pêcheurs, avec laquelle on peut se mettre aisément à sec à tout temps, à la haute comme à la basse marée. Plus en avant, on trouve des galons et autres broderies en or et argent pour militaires, ensuite des meubles, une collection complète des plus belles impressions typographiques des dernières années, des reliures, des gravures, etc. Au milieu du compartiment s'élève, du côté du mur, un carré rempli de couvertures et de draps ; plus en avant, une énorme vitrine avec les orfévreries et bijouteries : on y remarque surtout une riche collection d'ornements d'église, ainsi qu'un très-beau surtout de table en argent et cristal.

La petite allée située à droite de la loge du fond et longeant le compartiment dont nous venons de parler, appartient encore, pour le côté gauche, à la Hollande : on y voit les toiles, les tissus, les faïences et verres. Par devant s'élève une grande cage vitrée : elle renferme une collection d'oiseaux empaillés du Brabant septentrional.

12.

SUÈDE. — NORWÉGE. — DANEMARK.

Quand, de là, on poursuit l'allée du devant à droite, on arrive de suite au compartiment consacré aux royaumes de Suède et de Norwége. D'abord, on remarque, par devant, une superbe table en porphyre rouge et en mosaïque, sur laquelle est placée une grande coupe de la même matière : ces deux pièces, comme toutes les autres semblables de l'exposition suédoise, proviennent des ateliers d'Elfdal en Suède et elles appartiennent au roi de Suède.

A droite de cette table, se trouve une table à manger en acajou, d'une construction très-ingénieuse, de manière à pouvoir se plier aux conditions d'espace de la salle où elle doit trouver sa place : elle est de M. Olsen à Christiania. On remarque sur cette table plusieurs objets de la Norwége, notamment un surtout de table en argent, une parure de corsage en argent et or pour une fiancée de la campagne et fabriquée par un paysan norwégien, et plusieurs objets admirablement sculptés en bois, par des paysans, avec de simples couteaux qu'ils fabriquent eux-mêmes.

A côté et par devant des compartiments, s'élève une loge remplie également de produits norwégiens, tels que tissus en coton et laine, commencement de ces industries en Norwége, des vêtements en feutre gris sans couture, d'excellents instruments de chirurgie de Christiania, un sextant à trois lunettes. Derrière cette loge s'en élève une seconde également norwégienne, où l'on remarque de très-belles reliures, de la coutellerie fabriquée par des paysans, deux statuettes représentant un paysan et une paysanne de Hallingdal, revêtus de leurs costumes de noces, un superbe chronomètre ; ensuite un fauteuil fait d'un tronc d'arbre et très-ar-

tistement sculpté par un simple paysan; un beau secrétaire en bouleau, d'un menuisier de Frederik stadt;
une magnifique armoire en chêne sculpté, du dix-
septième siècle, et restaurée par un paysan de manière
à ce que l'on ne puisse distinguer les réparations
des parties anciennes.

Plus au milieu des compartiments sont des vitrines
basses contenant des chaussures, brosseries et fleurs
artificielles de fabrique suédoise. De plus, on y voit
plusieurs objets sculptés en bois, entre autres une
cassette surmontée d'un groupe représentant Napoléon
au bivouac, ainsi que deux bas-reliefs, le débarque-
ment de Gustave-Adolphe en Allemagne et Napoléon
sur le char triomphal.

Du côté droit, et dans l'angle avec les vitrines que
l'on vient de quitter, s'élèvent d'autres vitrines contenant des draps, des damas, de superbes fourrures,
entre autres un manteau en martre au prix de 800 fr., des
toiles excellentes de Ionkoping qui ont obtenu un prix
à l'exposition de Londres; l'autre côté de ces vitrines,
c'est-à-dire celui qui regarde l'exposition hollandaise,
renferme des cotonnades, lainages, fourrures et bonneteries, tous produits de la Suède.

En retournant dans le compartiment, on voit, vis-
à-vis de la vitrine des draps, une vitrine renfermant
des albums et autres reliures, et les gants si recherchés
à l'étranger sous le nom de gants de Suède. En suivant la même allée, on rencontre à droite une grande
vitrine contenant de magnifiques broderies en laine et
en soie, en relief et à plat, des soieries de très-
bonne qualité, une énorme fleur de *Victoria Regia* en
cire, des bouquets en écaille de poisson, des corbeilles
gracieuses en cuir sculpté et verni; par derrière, du
côté de l'exposition hollandaise, ce sont des passementeries très-élégantes en laine et en soie, des papiers
peints, de la verrerie et de la faïence très-belles, des

savons parfumés, parmi lesquels le buste du roi de Suède en grandeur naturelle.

A l'intérieur du compartiment et vis-à-vis de la vitrine précédente se trouve une longue vitrine remplie de plusieurs beaux morceaux d'orfévrerie de Stockholm, entre autres un énorme vase à fleurs en argent, un *testimonial* en argent offert à un architecte suédois, deux bocaux d'une forme originale, l'un représentant un tronc d'arbre, l'autre une gerbe de blé. On y voit encore plusieurs excellents instruments à vent et une foule de petits objets en écorce de bouleau, entre autres un morceau d'étoffe d'écorce brodée en soie, curiosité certainement unique dans son genre.

Au centre du compartiment et autour du carré par lequel le jour tombe dans les galeries d'en bas, il faut remarquer le modèle d'un pont avec écluse ; un immense relief représentant une des parties les plus remarquables du fameux canal de Trolhalta ; un appareil télégraphique inventé par le professeur Edlund à Lund, à l'aide duquel on peut expédier des deux extrémités sur le même fil et en même temps deux dépêches.

Près de là, on remarque des instruments de chirurgie, des chronomètres de grand prix, dont un de M. Soderberg de Stockholm a fait ses preuves pendant le voyage autour du monde fait par la frégate suédoise *Eugénie* ; n'oublions pas une énorme corne à boire, véritable représentant de la Scandinavie ancienne. Du même côté se trouvent encore plusieurs beaux modèles de constructions hydrauliques, entre autres un appareil hydraulique faisant fonctionner à la fois deux scieries, quatre pompes et une machine à enfoncer les pilotis ; de plus, un pont de nouvelle construction : ces deux morceaux, admirablement exécutés, sont de M. Hansen à Helsingborg. A côté sont placés encore plusieurs beaux vases en porphyre rouge, rose, vert et noir.

Près de là, on voit un beau piano à queue, d'un son

excellent, de Gothembourg, au prix modique de 2,000 fr. On y a adossé un portrait du roi Oscar de Suède, brodé en soie.

On est ainsi arrivé au fond du compartiment, dont le mur forme deux loges élégamment décorées et sur-montées des armes et des drapeaux réunis de la Suède et de la Norwége. Au fond de la loge de droite, on voit le portrait du roi Oscar, brodé en soie, entouré de deux magnifiques rideaux de soie brodés en vingt-deux couleurs, et flanqué de deux belles colonnes suppor-tant des vases en porphyre. Par devant sont placés un guéridon et un banc en fonte, ornementés et percés à jour et imitant le bois d'une manière étonnante. Un orgue de salon et un pianino ornent les deux côtés de cette loge. Au fond de la loge de gauche se trouve une broderie en laine représentant l'Empereur Napoléon III à cheval; on y remarque en outre deux tapis égale-ment brodés, de beaux meubles en différents bois, et recouverts de soie et de cuir et ornés de broderies. Par devant se trouve un élégant petit guéridon en por-phyre : c'est un cadeau offert par le roi Oscar à l'Im-pératrice des Français.

Quand on se dirige ensuite à gauche, en longeant le mur, on arrive à l'exposition du *Danemark*. Le fond de son compartiment forme, comme celui de la Suède, deux loges décorées des couleurs et des armes natio-nales. La loge voisine de celle de la Suède, contient des pianos droits et carrés de Copenhague. Au pilier entre les deux loges danoises s'adosse le buste en bronze du roi actuel Frédéric VII. Le fond de la se-conde loge danoise est occupé par une grande et belle bibliothèque en chêne sculpté, de M. Hansen à Copen-hague, et quelques autres meubles.

En tournant et en remontant vers la balustrade de la galerie, on voit d'abord, immédiatement devant les loges, plusieurs superbes pianos à queue de Copenhagúe. Les vitrines du milieu contiennent des gants, des chaussures, des cartes à jouer, des objets en caoutchouc durci et des bijoux d'acier, tous produits spéciaux du Danemark. Au centre de la salle se trouve une riche collection de chronomètres, boussoles et compas de marine, instruments qui sont fabriqués à Copenhague dans la perfection. Plus en avant, on voit une machine à composer pour la typographie, appareil très-ingénieux mais très-compliqué. Par devant et près de la balustrade de la galerie est une sorte de loge : on y voit les produits de la manufacture royale de porcelaines de Copenhague, entre autres un grand nombre de bas-reliefs en biscuit, d'après Thornwaldsen, ainsi que des bustes et des statuettes en biscuit. Du côté de la balustrade se trouvent d'excellents instruments de musique, des renards et des oiseaux empaillés, ainsi que le modèle d'un bateau de pilote du Sund.

Quand on retourne ensuite sur ses pas on a à sa gauche une longue rangée double de vitrines contenant, d'un côté, les tissus de coton et de laine, de l'autre côté les papiers et surtout les fourrures. On y remarque de superbes peaux non préparées de renne, d'ours blanc, de phoque et de renard blanc.

ALLEMAGNE.

Arrivé au bout de cette allée, on se trouve devant deux loges, voisines de celles du Danemark, et ornées des couleurs de la ville libre de *Hambourg*. Ces deux loges renferment de superbes meubles, dont quelques-uns d'une nouvelle matière appelée bois marbre. Au pilier entre les loges, est suspendu un portrait de l'Impératrice Eugénie, chef-d'œuvre de broderie en soie.

Quand on remonte ensuite ce compartiment, on voit en face des loges une superbe table de salon en mar-

queterie, et sur la table, des fruits artistement tournés
en gomme copale d'Angostura et en ivoire. Par derrière se trouve dans un cadre richement doré, un grand
baromètre pour édifices publics, haut de 6 pieds, et
avec une échelle de 22 pouces de Paris de diamètre ;
c'est un chef-d'œuvre de l'art du mécanicien, et il est
de M. Krüss à Hambourg. En remontant l'allée à gauche, on voit vis-à-vis des vitrines danoises, des tapis
de laine imprimés et d'autres tissus de laine, de beaux
meubles de vannerie, ensuite des appareils d'orthopédie et des bandages de chirurgie. Plus loin, ce sont des
chaussures de Lubeck, au-dessus desquelles est suspendue une immense gravure représentant le panorama
de la ville de Lubeck, au milieu du seizième siècle ;
des meubles en osier de Hambourg terminent cette
rangée d'étalages, auxquels s'adossent, de l'autre côté,
des cigares, des savons et des parfumeries. Dans la
même allée à gauche, on voit le modèle de l'appareil
télégraphique en usage sur la ligne de Hambourg à
Brême, des bonbons et des chocolats de Hambourg.
Plus au fond de l'allée, on remarque à droite, de belles
broderies en laine et en soie, des objets d'orfévrerie de
Hambourg, entre autres, deux échiquiers, un avec des
incrustations en nacre, l'autre en argent et en or. Vis-
à-vis, à gauche, se trouvent des vases en terre cuite,
imitant l'étrusque, le modèle d'un *clipper* avec tous
ses accessoires, une harpe éolienne d'un nouveau système et des grosses caisses.

On est ainsi parvenu à la porte de l'escalier sud-
ouest, dont le pavillon mérite aussi une visite. Les
croisées de ce pavillon sont ornées de stores peints de
Berlin et de vitraux de Munich et d'Aix-la-Chapelle.
L'escalier à gauche est orné de bas-reliefs reproduits
par la photographie, de M. Kramer à Cologne. Devant
les croisées de l'escalier à droite sont suspendues de
superbes litophanies de la manufacture royale de Ber-

lin. Sur le palier du même escalier s'élève aussi l'élégant étalage d'eau de Cologne de J. A. Farina. Dans le vestibule on voit des chapeaux de feutre et de paille ainsi que des brosseries de Berlin; de plus, des verres mousseline de Brunswick.

En rentrant dans la galerie, on remarque aux parties supérieures des murs des toiles cirées de Berlin. En face de la porte, du côté gauche, s'élèvent plusieurs carrés occupés par des produits de la *Bavière* et des deux *Hesses*. Dans le carré le plus rapproché de l'escalier, ce sont des traits dorés et argentés, du bronze et de l'or faux en poudre, de l'or fin et battu en feuilles, des lorgnons de Fürth, des objets en ivoire découpé de M. Frank à Fürth, entre autres un magnifique bocal avec des sujets de chasse. Dans le carré en face et à droite de la porte de l'escalier, on remarque un grand nombre de tableaux imprimés en couleurs à l'huile, de Munich ; ils représentent des copies d'après Raphael, Cornélius, Hesse. N'oublions pas de mentionner un échantillon de dentelle antique, de magnifiques télescopes, longues-vues et d'autres objets d'optique des célèbres fabriques de Munich et de Nuremberg ; des pinceaux et des brosses de peinture, des instruments de chirurgie, de belles gravures galvanographiques; des peintures sur marbre, entre autres une de la reine Victoria du prix de 500 francs ; un grand nombre de presse-papier de pierre à peintures ; des lunettes en écaille, au-dessus desquelles sont suspendus plusieurs cadres avec des photographies de M. Hanfstaengl à Munich. Elles représentent les portraits de plusieurs hommes célèbres d'Allemagne, entre autres ceux du chimiste Liebig, de l'acteur Émile Devrient, du peintre Kaulbach. Ces feuilles sont considérées comme les meilleures épreuves de portraits en photographie qui se trouvent à l'Exposition.

Quand on remonte la même allée du côté de la balustrade de la galerie, on se trouve, à gauche, devant un nouveau carré occupé encore par des brosses et des pinceaux et par des traits et des lames d'or et d'argent de Nuremberg, auxquels s'adossent les jouets d'enfant de Cassel et des bourses en coton et en soie d'Offenbach. Dans un autre carré, devant le précédent, on voit des chaussures de Mayence, la belle collection d'objets en fonte bronzée de M. Seebach à Offenbach, qui se recommande surtout par l'extrême modicité des prix.

A côté, dans le même étalage et vis-à-vis dans l'autre carré, se trouve une des expositions les plus intéressantes du Palais de l'Industrie : ce sont des objets de galvanoplastie en cuivre bronzé de M. de Kress, à Offenbach. L'objet principal de cette collection est un énorme haut-relief représentant la *danse des Willis* d'après le tableau de Gendron; plus de trente personnes en haut-relief figurent sur cette plaque qui présente outre le mérite d'une exécution irréprochable des effets de lumière inconnus jusqu'ici dans les reproductions métalliques; ces effets dus à un bronzage que personne ne connaît ni en France ni en Angleterre, donnent à cette œuvre, comme aux autres du même artiste, un cachet éminemment pittoresque. On remarque surtout le jeu de lumière produit par la lune qui se reflète dans l'eau. Le prix de cette plaque est de 4,000 francs. Près de ce tableau se trouve un énorme homard moulé sur nature, qui excite également l'étonnement des connaisseurs; il coûte 500 francs. Vis-à-vis, on admire un grand buste de l'empereur Napoléon III, fait d'une seule pièce et sans raccords visibles (350 francs); les statues du poëte Lessing, de Christophe Colomb et du sculpteur Schwanthaler; les statuettes de Fust, Guttemberg et Schœffer, inventeurs de l'imprimerie; un grand bouclier avec des sujets relatifs à la vie d'Hercule (600 francs); plusieurs groupes d'animaux et des hauts-reliefs, entre autres l'Amour à cheval sur une panthère, Herman à la bataille de l'Idistavise, enfin plusieurs paysages des bords du Rhin.

A côté de ces derniers objets, on remarque une boîte renfermant tout un système nouveau de poids et de mesures, de M. Henschel à Cassel, des modèles en plâtre et des plans destinés à l'enseignement du dessin topographique, de M. Neutze à Cassel ; enfin des spécimens d'impression en taille-douce de Darmstadt. Les vitrines à gauche contiennent les chapeaux de feutre et de soie d'Offenbach, les cartes à jouer de Darmstadt, les ouvrages de musique de Mayence, les perles soufflées de la même ville, des peintures à l'enclaustique sur toile, plâtre, grès et ardoise, de M. Schwartz à Cassel, des objets de petite maroquinerie d'Offenbach et des bijoux en ambre jaune de Worms. Une vitrine, en forme de pyramide, placée à côté, renferme la riche collection d'étuis et de nécessaires de MM. Monch et Cᵉ à Offenbach. En faisant le tour du même carré, on remarque encore les orfévreries et les bijouteries de Cassel et de Hanau, de la bonneterie de Worms, de jolies étagères de bois pour pots à fleurs, de M. Feile à Darmstadt, des objets de bois sculpté et tourné, de vannerie fine, de Mayence. Vis-à-vis, dans la même allée, sont placés les tissus de lin, de chanvre et d'étoupe de Cassel.

Quand on retourne ensuite vers la porte de l'escalier, on remarque au pilier du mur, dans une vitrine un nouvel apareil pour prendre mesure, par un tailleur de *Wurtemberg*. A gauche se trouvent des corsets, des drills de coton et des coutils de lin, des dentelles de crin de cheval avec bordures de paille, des velours et velvetines, tous produits du même pays. Dans l'embrasure de la croisée à côté, on remarque de belles broderies au crochet blanches et en couleurs, également de Wurtemberg. Au carré, en face de la porte, on voit la belle exposition de toiles fines de M. Lang à

Blanbemen, ainsi que les fils de lin à la mécanique de la filature d'Urach, en Würtemberg. A droite, dans l'embrasure de fenêtre, se trouvent encore des tissus de coton brodés de Wurtemberg.

En remontant la grande galerie, on se trouve d'abord, à gauche, devant un carré occupé par les produits du *royaume de Saxe*. On y remarque des nappes et des serviettes de lin damassées et des broderies, entre autres un mouchoir brodé commandé par la reine de Saxe (200 fr.), un jupon richement brodé, des jaconas et mousselines, blancs, brochés ou brodés. L'embrasure de fenêtre, à droite de ce carré, contient de superbes échantillons de linge de table de M. Proels aîné à Dresde, entre autres une grande nappe damassée aux armes de Saxe et une petite serviette à thé avec le portrait de Napoléon III en costume de sacre ; le tissu de cette serviette est composé de 2,000 fils dans la chaîne et de 4,900 fils dans la trame. Au-dessus de l'embrasure est suspendue une énorme nappe damassée de MM. Waentig et Cᵉ à Gross-Schoenau près Zittau. L'embrasure suivante contient également du linge damassé de Saxe.

PRUSSE

On arrive ainsi à l'exposition de la *Prusse*. Au-dessus du bureau de Prusse, et à côté, sont suspendus de magnifiques tapis de laine, de Berlin, ainsi que des objets de passementerie pour vêtements, meubles et carrosseries. Le carré en face contient toute sorte d'objets de passementerie, galons, ganses, tresses de Berlin et de Barmen ; l'embrasure à droite, des fils de coton et de laine à tricoter et à broder et des dessins de broderies de Berlin, spécialité industrielle de cette ville. L'allée qui s'ouvre en face de cette embrasure, contient, à gauche, des boutons d'étoffe et de la passementerie ; à droite, une belle collection de velours d'Utrecht, de M. Noss, à Cologne.

L'embrasure suivante contient encore des produits de Bade, tels que tissus de coton et de lin, papiers peints, gravures, enfin un groupe en sucre, représentant un combats de soldats anglais, français et turcs avec des Russes.

A partir de là, commence l'exposition des tissus en laine, coton et soie de la Prusse. Dans l'allée qui s'ouvre en face de l'embrasure que l'on vient de quitter, ce sont, à droite, des pluches de laine et des velours d'U-trecht ; à gauche, des thibets, des pluches et d'autres lainages pour meubles et vêtements. Toujours en poursuivant la même allée, on voit, à droite, des passementeries ; à gauche, entre des tissus de laine peignée et des soieries pour meubles et voitures, une superbe collection de fourrures et d'autres objets de pelleteries, ainsi que des animaux empaillés de Berlin. Vis-à-vis, à droite, ce sont encore des tissus de laine. On arrive ainsi à l'allée de la balustrade, dont l'angle droit est occupé par les fils, les tissus et les velours d e coton, de Cologne, ainsi que par les vêtements confectionnés.

Les vitrines qui longent la balustrade de la galerie renferment les soieries, les velours et les rubans des fabriques de la Prusse rhénane. Au bout de ces vitrines, une allée s'ouvre, et l'on entre dans un vaste carré. En tournant à droite, on passe encore devant une rangée de vitrines remplies de soieries prussiennes ; il en est de même du côté formant angle avec le précédent. Le troisième côté contient des lainages et des cotonnades des fabriques de Berlin et de la province de Brandebourg. Le quatrième côté appartient à l'Autriche ; il en sera question tout à l'heure.

Au milieu du carré s'élèvent encore un grand nombre de vitrines renfermant des soieries et des velours.

Le centre est occupé par une grande table carrée sur laquelle sont exposés les produits de la librairie et de l'imprimerie de Brunswick, Berlin, Gotha, Dessau, Francfort-sur-le-Mein ; de plus, des cartes à jouer, des épreuves lithographiques, des cartes gravés, des reliures, etc. On y remarque entre autres un écran de cheminée en broderie mosaïque, avec cadre de bois sculpté : il est de deux sœurs, Mlles Martens, à Cologne, et représente l'alliance des armes anglaises et françaises.

En face de ce carré s'ouvre une allée sur une vaste salle, dont le fond est occupé par une grande loge ornée de sculptures en bois et surmontée par les drapeaux et les armes de la Prusse ; une balustrade la sépare du reste de la salle ; on y monte par quelques marches flanquées de colonnes avec des aigles. Le centre de la loge est orné de deux bustes en bronze représentant Schinkel et Beuth, tous deux décédés et dont le premier opéra une révolution dans le goût architectural de son pays, tandis que l'autre aida puissamment au développement des arts industriels en Prusse. Dans les vitrines et sur les tables qui se trouvent par devant, sont exposés les dessins d'architecture, pour la plupart modèles de monuments élevés par le gouvernement prussien ; de plus, les dessins industriels publiés par le même gouvernement pour servir de modèles aux artisans, enfin plusieurs grands ouvrages d'architecture publiés aux frais du gouvernment, tels que les monuments chrétiens de Constantinople du cinquième jusqu'au douzième siècle, etc. Au milieu de la loge est exposé l'album présenté par la Prusse rhénane au prince et à la princesse de Prusse, à l'occasion du vingt-cinquième anniversaire de leur mariage. Cet album contient 78 originaux, pour la plupart coloriés, par les artistes les plus distingués de la

province rhénane, et dont les sujets sont tirés de l'histoire et des traditions populaires des contrées du Rhin.
Il faut un permis spécial du commissaire de la Prusse
pour examiner les dessins, l'album étant ordinairement fermé. La reliure, dont les ornements sont en or,
en argent et en ivoire et émaillés, a été exécutée par
le relieur Wenker à Düsseldorf, d'après les dessins du
peintre André Müller. La couverture supérieure avec
ornements d'argent est dans le style gothique, la couverture inférieure avec ornements d'ivoire est dans le
style byzantin.

Les embrasures des fenêtres à droite de cette loge,
contiennent les fils et tissus de lin et de chanvre de
la Silésie, de la Westphalie, de la province du Rhin et
du Brandebourg ; la dernière embrasure est occupée
tout entière par les cartes géographiques de M. Pertes
à Gotha. Les autres côtés de la salle, ainsi que les vitrines du milieu sont remplis par les tissus de laine et
de lin. Au centre est placée une grande table, autour
de laquelle sont disposés des ouvrages d'architecture,
des dessins industriels, des cartes géographiques, des
chromolithographies, des gravures en taille douce, des
épreuves photographiques, etc., exécutés et publiés pour
la plupart à Berlin. On y remarque entre autres deux
beaux ouvrages sur les peintures et objets d'art d'Her-
culanum, Pompéï et Stabiac ; un album de photographies
représentant des modèles pour artistes et industriels, de
M. de Minutoli à Liegnitz (Silésie) ; des cartes géologiques de M. de Buch ; des reliefs du Vésuve et des îles
de Ténériffe et de Palma, également d'après M. de Buch.

AUTRICHE

A gauche de l'exposition prussienne commence celle
de l'*Autriche*. Le long du mur de la galerie s'étale une

longue file de vitrines où brillent les produits magnifiques des fabriques de soieries et de velours de Vienne et de Milan, dont un grand nombre peut même rivaliser avec ceux de Lyon et de Paris. Au bout de ces vitrines on trouve un orgue expressif de M. de Lorenzi à Vicence. La partie supérieure du mur est ornée de superbes tapis de laine des fabriques autrichiennes. Une autre rangée de vitrines s'étend parallèlement au mur, en divisant la galerie, dans sa largeur, en deux moitiés longitudinales : ces vitrines contiennent également des tissus de soie. Les vitrines placées à trave rs entre les deux grandes rangées, contiennent les soie s écrues, gréges et teintes, les rubans et autres industries se rattachant à celle de la soierie, en outre des objets tressés de paille, des dentelles et de magnifiques broderies en laine et en soie de couleur. Quand on parcourt ensuite de la même manière l'autre moitié longitudinale, on voit à droite des soieries, des étoffes et des mantelets brodés d'une richesse incomparable ; une vitrine en forme d'obélisques, au bout de l'allée, montre des fils de laine peignée et teinte, de la filature de Vöslau, près de Vienne, un des établissements les plus renommés de l'Autriche. Tout le côté gauche de l'allée est occupé par les splendides châles de Vienne, les étalages du milieu par les lainages, les étoffes imprimées, les nouveautés de laine et mi-laine et par les toiles

Dans les vitrines qui regardent la balustrade de la galerie, on voit les articles de vêtement, tels qu'habits, chapeaux, chaussures, etc. On remarque surtout un grand nombre de costumes nationaux de Bohême, Hongrie, Pensylvanie et Valachie, des vêtements en feutre, un costume d'homme tout en cuir, composé d'un pantalon ne faisant qu'un avec les bottes, une veste et une casquette. Au plafond de cette allée sont suspendus plusieurs beaux lustres des cristalleries de Bohême.

BELGIQUE

Après l'exposition autrichienne, vient celle de la *Belgique*. Les vitrines qui longent la balustrade de la galerie, contiennent les richesses de sa fabrication de dentelle. On y remarque surtout les superbes volants d'application de M. Vanderkelen et de MM. Rosset et Normand ; ensuite les produits de M. Duhayon et de M. Geffrier. Au bout de ces vitrines s'ouvre à droite une allée ; la vitrine de l'angle contient un drapeau de la société royale des chœurs de Gand, brodé d'or fin sur velours : il est de M. Melotte à Bruxelles. En remontant l'allée adossée aux vitrines des dentelles, on remarque des dentelles noires, des guipures, des broderies sur tulle, les produits des imprimeries belges, entre autres un magnifique ouvrage à gravures représentant tous les établissements industriels de la Belgique. Ensuite viennent les passementeries et les tapis de fourrures, dont un représente les armes nationales et celles des différentes provinces de la Belgique. Les allées situées à gauche contiennent les nombreux et divers produits des industries du coton et du lin, entremêlés d'étalages avec des épreuves photographiques, des cartes à jouer et des chaussures. On y voit aussi des cylindres en cuivre gravés pour l'impression des indiennes.

Le mur de cette partie de l'exposition offre un grand intérêt. A gauche de l'orgue de M. de Lorenzi est une loge contenant les magnifiques produits de la manufacture royale de tapis de Tournay : ce sont des tapis Smyrne, Savonnerie et moquettes. Le fond de la loge est occupé tout entier par un immense tapis de dessin et couleur admirables. On y voit en outre des cheminées sculptées en marbre et en fonte. Vis-à-vis et formant angle avec cette loge se trouve un excellent *Orchestrium* de MM. Merklin, Schutze et C° à Bruxelles et Paris. Une seconde loge, à gauche de la précédente, contient des tapis de laine et en fourrure, entre autres un à six peaux de léopards (1,200 fr.) et un autre formé de la peau et de la tête d'un énorme ours blanc. Devant les tapis se trouvent de belles cheminées sculptées en marbre noir. Le centre de la loge est occupé par quelques orfévreries et bijouteries, parmi lesquelles un magnifique missel romain à reliure d'argent, un ostensoir en or et orné de pierreries, enfin une belle parure de diamants de M. Dufour, à Bruxelles.

En face de ces deux loges s'élève un vaste carré en forme de tente; il est occupé tout autour par les pianos de Bruxelles. On y voit en outre un instrument de musique, dit *mattauphone*, d'après son inventeur M. Mattan : il se compose de verres creux remplis d'eau et qui, quand on touche leurs bords avec le doigt mouillé, produisent les sons.

La loge suivante, apres celle des fourrures et bijouteries, contient une magnifique cheminée sculptée en marbre blanc, de M. Leclercq à Bruxelles, et des ornements d'église en cuivre jaune, de M. Dehin à Liége, entre autres un beau pupitre percé à jour, des candélabres, un grand candélabre à cierge, un aigle, etc.

Le grand carré en face de cette loge appartient à la céramique et à la verrerie. On y voit des verres à vitre blanc et de couleurs, des services de cristal taillé; de belles faïences fines, objets en grès, cérames et terre cuite de MM. Boch frères à Kéramis, entre autres un immense vase à fleurs en grès de couleur; enfin les produits de la manufacture de porcelaine de M. Capellemans à Bruxelles, entre autres plusieurs jolis groupes en biscuit et les bustes en biscuit, grandeur naturelle, du roi Léopold et de feu la reine Louise de Belgique.

On est arrivé à la porte du *grand escalier sud*, dont

le pavillon présente plusieurs objets dignes d'attention. Dans l'escalier à droite on voit, en bas, une belle cheminée sculptée en marbre blanc, de M. Isola à Carrare ; plus haut, une cheminée et un candélabre en terre cuite de M. Boni à Milan et, à côté, une énorme et splendide cheminée très-artistement sculptée, en marbr blanc, de M. Rossi à Milan. Devant les fenêtres, des deux côtés de cette cheminée, sont placés de petits vitraux peints représentant des paysages, de M. Geyling à Vienne, des verres *aventurines* de Bigaglia à Venise, et des gravures sur verre de Ianke à Blottendorf (Bohême). — Dans l'escalier de gauche, on voit plusieurs produits français, savoir : des cheminées en marbre, des photographies sur verre de couleur et des vitraux, entre autres un de M. Hawke à Dinan, représentant Rabelais dans son cabinet de travail et entouré de sujets tirés du *Gargantua*. — Les croisées supérieures du pavillon de l'escalier sont ornées de vitraux peints; on remarque surtout à droite, ceux de M. Lobin à Tours. Devant les croisées du milieu sont placés les vitraux peints pour l'église de Saint-Gut à Bruxelles, de M. Capronnier de la même ville, et deux autres vitraux peints de M. Pluys à Malines. Au mur, entre les portes d'entrée, s'adossent plusieurs beaux parquets en bois de M. Marcelin à Paris et d'autres de mosaïque en bois debout de MM. Thiéry et C⁹, à Paris; parmi ces derniers se trouve un grand carré de 9 mètres de surface et composé de 40,000 pièces de bois (600 fr.). Le centre du vestibule est occupé par une énorme horloge astronomique, œuvre peut-être unique dans son genre, elle a pour auteur M. Bernardin à Saint-Loup (Haute-Saône) et appartient au cardinal Mathieu, archevêque de Besançon. Cette horloge a 72 cadrans donnant 112 indications annonçant tous les phénomènes astronomiques, depuis les quartiers de la lune jusqu'aux éclipses du soleil, et calculés pour 25,876 années. Les statues des apôtres, placées au-dessus du cadran, sonnent les heures; de simples marteaux sonnent les quarts d'heure et les demi-heures. L'auteur a travaillé quatre ans à cette horloge qui coûte près de 50,000 fr.

En rentrant dans la galerie, on voit, à droite, un orgue à piston de MM. Claude frères à Mirecourt (Vosges). L'allée en face de la porte contient encore des produits belges : ce sont des verres à vitre pour peindre, des faïences, de jolis petits coffres, boîtes, étuis, en bois et à peintures, dits *meubles de Spa*, enfin des objets de brosserie.

AMERIQUE

En avant de cette partie de l'exposition belge, on trouve quelques États de l'*Amérique centrale et méridionale*. L'allée immédiatement devant la Belgique, appartient à la *Nouvelle-Grenade* et au *Guatemala*, représentés par une belle collection d'oiseaux empaillés, des produits du sol, des nattes de palmier, des tapis de laine. A droite se trouve une collection de produits minéraux de la *Confédération argentine*, exposée par le directeur du musée argentin de Parana ; à gauche se trouvent quelques produits du *Brésil*, entre autres un casier contenant les produits d'un palmier, tels que bois, fagots, cordages, bougies, noisettes, et objets tressés. Plus en avant et en face de la balustrade de la galerie, se trouve l'exposition de la *République Mexicaine*. On y remarque surtout une riche collection de minéraux envoyés par l'école des mines à Mexico, ensuite diverses sortes de vanille, des feuilles de tabac et des cigares, des épaulettes et des broderies d'or, ainsi qu'une collection de livres imprimés au Mexique. La vitrine du devant renferme entre autres les produits du sol, des fruits, des chocolats, des denrées coloniales ; enfin une collection d'insectes et une belle collection de 46 espèces d'oiseaux, envoyées par le département de Vera-Cruz.

Devant la balustrade est placée une horloge de M. Collin à Paris, servant d'horloge normale du Palais de l'Industrie : elle a un grand nombre de cadrans, indiquant les heures dans les différentes capitales de la terre, les quartiers de la lune, les dates du calendrier, etc. Par derrière et empiétant sur une partie des galeries anglaises, se trouvent encore différents instruments de musique des facteurs français, tels que pianos, orgues, mélodiums d'Alexandre à Paris ; des accordéons, harmonicas, concerticas, des boites à musique, deux orgues d'église, enfin le *Panharmonicon* de M. Durgy à Paris, orgue à cylindre marchant seul par mécanique (45, 000 fr.).

ANGLETERRE

Nous arrivons ici à l'exposition de la Grande-Bretagne, qui occupe avec l'Inde, sa colonie, tout le reste de ce côté sud de la galerie. Ses instruments de précision et son horlogerie remarquables se présentent d'abord. Nous voyons, en face de la grande porte et à main gauche, une vitrine de l'opticien M. King, où il expose un microscope achromatique, des instruments de photographie, et de la tourmaline artificielle, du docteur Herapath. A côté, nous voyons encore des microscopes de M. Pilisher et une petite balance de M. Oertling, qui, pesant 25 grammes, accuse un quinzième de milligramme, et une autre à côté pouvant peser 100 grammes et accusant également un quinzième de milligramme. Devant cette dernière on voit des injections microscopiques très-remarquables du docteur Hett, de Londres, placées sous un microscope, et d'un grand attrait pour les amateurs d'anatomie et de physiologie. Ces injections ont valu à leur auteur la médaille à l'Exposition de Londres. MM. Auber et Klaftenberger horlogers de la Reine, exposent à côté des montres et des chronomètres, ainsi que M. Frodsham; ce dernier a entre autres des chronomètres de poche, et une copie exacte du premier chronomètre, qui a été exécuté par son prédécesseur, M. Arnold, pour le capitaine Cook, lors de son premier voyage autour du monde. MM. Smith et Beck suivent, avec des microscopes qui leur ont valu la grande médaille à Londres. Toujours sur le même rang, nous voyons une grande balance de M. Oertling, pour peser des lingots d'or et d'argent, pouvant peser 40 kilogrammes et accusant 2 centigramme. L'instrument, ressemblant à un moulin à vent, à côté, est un anémomètre, c'est-à-dire un instrument pour indiquer la force, la direction et la vitesse du vent et la quantité de la pluie tombée, inventé et exposé par M. Follet-Osler. En face on voit une pompe pneumatique, de M. Ladd, et à côté d'elle le modèle de l'Observatoire, de M. Lee; les modèles des instruments astronomiques du comte Rosse suivent; en face, les montres et chronomètres et quelques pièces d'un échappement à détente de MM. Frodsham et Baker. MM. Davis et fils et Bennett ont également des chronomètres et des montres. M. Cole a une charmante petite exposition de pendules et de montres élégantes, entre autres une tour qui contient, outre le cadran et son mouvement avec sonnerie marchant 8 jours, un baromètre, un thermomètre, un calendrier et une boussole. De petites corbeilles dont le fond est formé d'un cadran, des écritoires et autres objets, tous munis de mouvements de montres, seront encore remarqués. Devant la case de M. Cole, on voit la plus petite montre qui ait été faite jusqu'à présent, car elle n'a que cinq lignes de diamètre. L'échappement est à ancre; elle a dix trous en rubis, et marche 28 heures. Elle est faite par M. Funnell, à Brighton, et vaut 2,500 fr. MM. Nicole et Capt, à côté, ont des chronomètres et des montres d'une grande beauté et perfection, et des montres très-ingénieusement disposées pour pouvoir servir aux aveugles. Une grande vitrine à côté est remplie de toutes sortes d'instruments acoustiques, pour les gens affectés de surdité, exposés par M. Rein, de Londres. En continuant notre tournée autour de l'étalage qui nous occupe, nous trouvons les chronomètres de M. Loseby, les appareils photographiques avec une photographie de la lune, prise à l'Observatoire de Liverpool, de M. Thornthwaites, et l'hélicographe ou appareil pour dessiner des lignes courbes, de M. Penneross. La petite vitrine à côté contient des montres très-solides, de M. Adams, à Londres, faites pour le marché d'Amérique. Les beaux chronomètres à côté sont ceux de M. Pool, fournisseur des chronomètres de l'Amirauté et inventeur d'un compensateur pour chronomètres. En face il y a une collection très-curieuse d'appareils magnétiques : d'abord, ceux de M. Henley, parmi lesquels un magnète qui peut supporter 1000 livres ; ensuite les télégraphes électriques de M. Allan ; le télégraphe sous-marin de M. Varley, et les appareils magnétiques du professeur Tyndall pour démontrer les lois de l'électricité. Sur l'autre table on voit les fils conducteurs pour le télégraphe électrique de M. Walker, et différents appareils télégraphiques pour chemins de fer. Le colonel James a exposé dans la loge à droite, adossée au mur, une collection d'instruments employés dans le cadastre de la Grande-Bretagne. Dans l'allée que nous traversons pour arriver sur le devant de la galerie, on voit, à main droite, les appareils, modèles et dessins en usage dans les écoles de sciences et d'arts du Royaume-Uni, exposés par le ministère du commerce.

L'Observatoire de Kew expose dans les vitrines à droite et dans le carré qui se trouve devant le visiteur une grande collection d'instruments d'optique et de physique, parmi lesquels nous citerons les inventions très-ingénieuses de M. Ronalds pour enregistrer, à l'aide de la photographie, l'état permanent du baromètre, les changements météorologiques et autres, d'une manière très-précise et constante; ensuite les instruments météorologiques qui ont été employés pendant une ascension faite en 1852 sous la direction des astronomes de cet observatoire; un anémomètre portatif de M. Robinson etc. Une vitrine adossée à l'exposition de Kew, du côté est, contient les instruments astronomiques de l'invention du professeur Piazzi Smith, à Édimbourg, parmi lesquels on distingue un appareil électrique pour observer en mer la direction et la vitesse du vent, et autres. Derrière l'exposition de Kew sont placés un *pulmomètre* ou instrument pour examiner les poumons; les modèles des télescopes de lord Ross et de M. Lassel; des sphères terrestres et célestes et des instruments de chirurgie et d'orthopédie.

Retournons aux loges adossées au mur sud, et nous trouvons dans celles à côté du cadastre de très beaux dessins et tableaux à l'aquarelle, parmi lesquels un Soldat blessé en Crimée soutenu par une jeune fille, dessiné par la princesse royale qui est venue avec son auguste mère, il y a quelques jours, visiter l'exposition. Les photographies dans la loge suivante sont très-remarquables. Au milieu de cette loge sont placés quelques objets admirablement sculptés sur bois de M. Tweedy, et au milieu, des bronzes de M. Elkington, Mason et Cᵉ.

Les dentelles et guipures que le visiteur voit dans les vitrines devant ces loges sont exposées par M. Forrest à Dublin; les tulles et mousselines, dentelles de toutes sortes d'Irlande, des popelines, des étoffes de laine, de coton, de soie, la bonneterie, la chapellerie et la chaussure anglaises occupent toutes les vitrines que nous voyons devant nous. Retournons aux loges du mur, où nous trouvons la papeterie, l'imprimerie et la lithographie anglaises. La dernière loge le long du mur est occupée par des vêtements en caoutchouc et par la brosserie. Tournons maintenant à gauche vers le transept, et nous trouvons à notre droite l'orfévrerie anglaise. MM. Hunt et Ruskell occupent la première vitrine avec une riche collection de bijoux et de grande pièces d'orfévrerie. Parmi les bijoux on verra une parure en saphirs et diamants, de la valeur de 250,000 francs ; mais ce qui intéressera le plus le visiteur, c'est le grand bouclier à main gauche, en argent oxydé au repoussé et ciselé, dédié à Shakspeare, Milton et Newton. Shakspeare est assis dans le vaisseau de l'Immortalité, qui se dirige vers la rive où l'attendent Minerve et Apollon. Le bord est orné de sujets tirés d'Hamlet. Dans l'autre médaillon, Milton est représenté dictant à ses filles son *Paradis Perdu*, inspiré par la Religion et la poésie. Le troisième médaillon nous montre Newton penché sur une sphère et contemplant le ciel. Derrière lui le Temps, la Vérité et la Science repoussent l'Ignorance et la Superstition. Ce bouclier est modelé par M. Vechte, un Français, et vaut 75,000 francs. La vitrine suivante est celle de M. Hancock, dans laquelle on voit, parmi les bijoux, le célèbre diamant bleu de M. Hope, le seul qui existe. Ce diamant a été acheté par le roi George III pour 750,000 francs. Une parure de corsage à côté, ornée de quatre pendants de diamants, vaut 500,000 fr. Le plus grand diamant de cette parure est estimé 200,000 fr. Citons encore une émeraude grande beauté, appartenant au duc de Devonshire. Parmi les groupes en argent, on remarquera celui de Napoléon Iᵉʳ montant les Alpes, et un beau vase, à l'extérieur, dans le style de la renaissance, représentant en relief l'entrevue de François Ier avec Henri VIII sur le Camp-du-Drap-D'or. M. Garrard expose dans la vitrine suivante une fontaine entourée de chevaux. Cette belle pièce en argent est faite pour la Reine; les chevaux sont copiés sur les chevaux favoris de Sa Majesté. M. Philipps a aussi une très-jolie exposition de bijoux et de pièces d'orfévrerie, et parmi ces dernières, une gracieuse statuette d'un Horseguard. Tout près de là, du côté de la nef, on voit cinq beaux candélabres en argent dans une grande vitrine. Ces pièces ont été commandées par la Compagnie des orfévres de Londres, en commémoration de la grande exposition de Londres et exécutée par MM. Hunt et Ruskell. Les sujets ont rapport à l'histoire de cette compagnie. MM. Bisson, de Jersey, vers le centre, ont des bracelets en or imité ; MM. Wilkinson et Ce et M. Richmond, des candélabres, des services, etc.

Descendons du côté de la nef, où nous voyons dans plusieurs vitrines des objets de toutes sortes, ainsi que des bracelets, épingles, etc., d'un prix très-modeste, faits de bois de chêne antédiluvien que l'on trouve dans les marais d'Irlande.

LA COMPAGNIE DES INDES

occupe le bout de cette galerie. Cinq vitrines dans le style oriental contiennent les châles célèbres des Indes et les étoffes riches brodées d'or et d'argent, des plumes, des calottes, etc. Dans l'allée à main droite, le long du mur, se trouvent les étoffes ordinaires, des coffrets, des modèles de canots, de voitures, les représentations d'un prince avec sa suite, d'un mariage, d'une cour de justice, etc. On voit encore des instruments de musique, et plus loin des livres imprimés et

14.

manuscrits, des modèles de mosquées et autres. Près d'une porte, on voit dans deux grandes vitrines la bijouterie indienne. On y remarquera de grandes pièces d'orfévrerie telles que la pagode de Madras en argent gravé, deux vaisseaux d'or destinés à recevoir les parfums qui imitent la fleur du lotus, un vase en acier incrusté d'argent, un service de table complet or et argent ciselé, des gargoulettes émaillées vert et bleu, un large plateau supportant un vase en or fondu, ciselé et retouché sur la fonte, des colliers turquoises et perles fermés tantôt par un papillon d'or aux ailes éployées, tantôt par un ibis en topaze ; des chapelets (blunpakalié) en roupies, en monnaies du pays ; une foule de petites idoles, d'animaux réels ou fantastiques ; enfin desanneaux de pied en argent massif, bracelets en or émaillés bleu et gravés ; guirlandes tressées de cocos de bétel, de noix muscade, et mêlées de pierres précieuses ; boucles d'oreilles, bagues, étoiles de front, diadèmes pandeloquesen lapis-lazuli, saphirs, perles, et or, etc.

Une loge à côté est remplie d'armes très-curieuses de Bombay, Delhi, Pegu, Madras, etc. L'allée qui se trouve devant ces armes contient, à gauche, des échantillons de la poterie et des ustensiles ordinaires des Indiens ; à droite, des boîtes et des objets ornés de coquillages, des corbeilles et autres ouvrages faits de dards de porc-épic, et une lampe singulière, ornée de paons. Le centre de cette exposition est occupé par une tente princière avec tous les accessoires du luxe oriental. Le pavillon en face contient de beaux échiquiers, des coffrets de bois de sandal, des boîtes d'ivoire et de marqueterie d'une grande beauté et perfection. Autour du centre sont des meubles en bois de toutes sortes, des peaux de tigres et autres animaux, des nattes, etc. Si nous sortons par la porte qui se trouve en face, nous nous trouvons devant l'exposition de

L'AUSTRALIE

Différents échantillons de bois se présentent d'abord ; ensuite plusieurs vitrines faites de bois indigène et remplies de châles, d'étoffes, de céréales, d'échantillons de marbres et d'une très-jolie corbeille de fleurs en cire. Les vitrines du milieu contiennent les minerais aurifères, qui attirent beaucoup les visiteurs, et surtout un lingot d'or pesant 359 onces de la valeur de 36,250 fr., trouvé à une profondeur de 140 pieds. Les vitraux de cet escalier sont du Palais de Westminster et exposés par M. Hardman. On voit encore de très-jolies imitations de marbres, en bois, de M. Kershaw, et en bas des porcelaines de MM. Minton, Daniell, Copeland et autres.

PANORAMA ET POURTOUR

Pour passer au Panorama, le visiteur devra revenir jusqu'à la grande fontaine du milieu, d'où un large passage conduit au Panorama. On a placé dans ce passage quelques meubles parisiens, comme pour indiquer que ce chemin conduit entre autres à l'exposition de cette importante branche de l'industrie parisienne. On voit, à main droite, de très-jolies mosaïques en bois de couleurs naturelles, une armoire très-élégante en marqueterie de M. Wassmus, une charmante petite toilette en marqueterie ornée de peintures sur porcelaine de M. Caron, une belle table en mosaïque de M. Muller, à main gauche les meubles de fantaisie c'est-à-dire des berceaux, des petites chaises, des guéridons, etc., de M. Huret ; une grande armoire en bois de rose, ornée de marbre et bronze, de M. Charmois ; une bibliothèque très-richement ornée de bronze doré, du prix de 10,500 fr., de M. Bassie ; et enfin, des deux côtés, deux meubles d'appui, en bois de rose et bronze, commandés par l'Empereur pour le palais des Tuileries, de M. Jeanselme, et de la mosaïque très-belle de M. Marcelin.

Arrêtons-nous encore dans un petit compartiment à main gauche, où sont placées deux grandes orgues et quelques autres instruments de musique. L'orgue en face est celui de MM. Stoltz et Sckaaf, de Paris. Cet instrument, qui est joué tous les jours à midi par un aveugle, organiste de la cathédrale de Meaux, est desservi par 42 registres, 3 claviers à main, un clavier de pédales et 9 pédales de combinaison ; il a une hauteur de 8 mètres, une largeur de 6 mètres 50 centimètres, 3 mètres de profondeur, et coûte 22,000 francs. L'autre orgue à main gauche, exposé par MM. Merklin, Schutze et C°, est destiné à la nouvelle église Saint-Eugène, dans le faubourg Poissonnière. Il n'a que 32 registres. En face de ces orgues se trouvent un orgue de voyages, de M. Muller, et un orgue « à musique percé, » c'est-à-dire un orgue changé en orgue de Barbarie par l'emploi de papiers percés. Le papier agit pour la production des sons d'une manière analogue à celle du papier percé, dans le métier Jacquard, pour la production du dessin sur les étoffes. M. de Corteuil, qui expose cet orgue, en est l'inventeur.

En sortant par la grande porte sud du Palais, le visiteur entre dans un large vestibule, orné de tentures et de lustres, conduisant au Panorama. Les grands buffets sont établis à gauche et à droite, à l'extérieur, et plusieurs hangars renferment des objets qui n'ont pas trouvé de place ailleurs. Ainsi, on a exposé dans la cour à main droite, dans un hangar qui longe le mur sud du palais, la carrosserie et la sellerie, et dans un autre hangar de la même cour, les machines et les instruments agricoles.

Entrons d'abord dans le premier, pour examiner rapidement les voitures exposées par la France, la Belgique, la Hollande, les États-Unis et le Mexique. La carrosserie parisienne se trouve au milieu. On remarquera les voitures d'apparat de MM. Clochez et Leclerc, les voitures de ville de MM. Lelorieux et Dunaime, les calèches très-bien exécutées de MM. Rothschild, Dameron et autres. A main gauche est la carrosserie de la province, où l'on s'arrêtera devant la voiture en bois de thuya d'Algérie, et devant les petites voitures d'enfants, d'une très-belle exécution. Les wagons belges et français, au bout, paraissent d'une construction aussi solide qu'élégante. Au côté nord, quelques véhicules légers et élégants de la Hollande ; un carrosse de couleur étrange, du Mexique, et une grande voiture de gala, destinée aux princes belges, et de la fabrication de MM. Goner frères, de Bruxelles. A côté de ce hangar se trouve celui des

MACHINES ET INSTRUMENTS AGRICOLES

En entrant du côté nord, on voit des échantillons de laines françaises de toutes sortes, et entre autres de celle de la bergerie impériale de Rambouillet ; ensuite du blé de toutes sortes, parmi lequel quelques échantillons de blé d'Angleterre et d'Australie, cultivé près Valenciennes. En tournant à gauche, on trouve différents produits agricoles, parmi lesquels du tabac et une collection très-intéressante de ruches d'abeilles. Plus loin, dans le passage à droite de l'entrée, des échantillons de lin, de chanvre, de blé, etc., ainsi qu'une collection de fruits de Provence. En continuant, on trouve un échantillon très-curieux des travaux de drainage de M. de Bryas, et bientôt on se trouve au milieu d'une foule de charrues, de machines à semer, à battre le blé, dont quelques-unes mues par la vapeur. Nous y voyons de plus des meules, des barattes, et tous les ustensiles employés dans les fermes. On y voit également quelques appareils pour garantir la vigne contre la maladie par l'emploi du soufre.

Voici les instruments agricoles les plus remarquables : la machine à battre le blé, de M. Dupetit-Delarue, ingénieur à Amiens ; celle de M. Bordier, à Blanzac. (Charente) ; un autre à un cheval, de M. Ruot, de Châtillon-sur Seine. M. Legendre, de Saint-Jean-d'Angély (Charente-Inférieure) expose une machine à bras à dépiquer les grains, dont la roue d'engrenage seulement est de fer forgé, tandis que tout le reste est en fonte. Elle est de la force de deux hommes, et dépique 15 hectolitres de grain par jour. Une machine pareille, de la force de deux cheveaux, ferait 40 hectolitres par jour. Une machine à vanner, à côté, vanne 80 hectolitres par jour. M. Lotz, de Nantes, expose des machines à battre le blé mûes par la vapeur, qui battent de 60 à 250 hectolitres par jour, et d'autres mues par un manége, qui peuvent battre 50 à 120 hectolitres par jour. MM. Renaud et Lotz exposent des machines à vapeur à battre le blé, de la force de 4 chevaux, qui font 100-300 hectolitres en 12 heures, et d'autres machines à manége, capables de faire 80-120 hect. dans le même espace de temps. — Quant aux machines à faucher, leur nombre n'est pas grand : nous n'avons remarqué que celles de M. Courniers, de Saint-Romans (Isère), et celle de M. de Gasparin. M. Roret, de Langres, a envoyé également une machine à faucher et à moissonner. M. Laurent de Paris expose deux machines pour fabriquer des tuyaux de drainage, et M. Julienne une machine pour fabriquer des briques. On regardera encore avec intérêt les pressoirs portatifs de M. Coutiller de la Celette (Loire-et-Cher), de M. Lemonnier-Jully, de Châtillon (Côte-d'Or), et de M. Petit-Delorme, d'Amiens. MM. Vachon et Cᵉ de Lyon exposent une machine qui bat et nettoie simultanément le blé, et M. Mourat a une grande machine pour nettoyer le blé, et des tôles de cuivre et de zinc percées et découpées. MM. Jevot, d'Amiens, montrent une machine horizontale et une verticale pour cribler et pour nettoyer le blé, etc.

La Belgique est représentée dans cette collection par une machine à vapeur à battre le blé, qui a la chaudière à l'extérieur, de M. Hocherau, de Haine-Saint-Pierre; par une herse de M. Dufour, de Neufrilles, dans le Hainaut ; un semoir du baron Cherret, une vraie herse norwégienne de M. Hocherau, et les barattes élégantes de MM. Duchêne et Denis, de Namur.

Un grand nombre de charrues et d'autres appareils agricoles sont placés dans le jardin.

Retournons à la grande porte sud du Palais, pour visiter le hangar et le jardin du côté est, à main gauche, avant de parcourir le Panorama. Ce hangar est une sorte de supplément à celui de la carrosserie ; car nous y trouvons, en entrant, un fourgon d'ambulance militaire, qui contient deux lits-brancards pour transporter les malades. Un grand nombre de ces voitures servent à notre brave armée en Crimée. Derrière, on voit deux chevaux, chargés de caissons, contenant des cantines de chirurgiens et de pharmaciens. C'est M. le ministre de la guerre qui expose ces objets. D'autres parties d'équipages militaires suivent, et au bout, on voit des wagons et des modèles de wagons de chemin de fer, entre autres un nouveau système de frein, en pratique sur le chemin de fer du Nord, des voitures de première et deuxième classes du chemin de fer de Genève, etc. Sur les côtés sont placés les objets de voyage, savoir des malles, des bureaux, chaises, lits, objets d'emballage, etc. L'espace séparé par une grille de bois, dans ce hangar, est destiné à une exposition des objets que leur bon marché et leur bonne qualité rendent particulièrement utiles à la vie domestique la simple. Au moment où nous écrivons ceci, on est occupé à arranger cette exposition curieuse, créée par le prince Napoléon.

Dans le jardin, on voit différents objets qui servent d'ornements de jardin et autres, par exemple, les instruments d'optique de M. Porro, etc. Au fond du jardin se trouvent deux maisons, dont celle à gauche est la cantine-modèle ; à droite, la maison-modèle qui renferme des spécimens de logements d'ouvriers, exposées par M. Clarse de Londres.

POURTOUR

Retournons encore une fois à la porte sud du Palais, pour examiner le pourtour du Panorama.

Nous voyons dans l'axe de l'entrée du Palais principal de beaux meubles de luxe de M. Grohe, à Paris. Citons entre autres un médailler en bois d'ébène, un buffet en chêne sculpté, avec des figures de cuivre argenté, représentant le Commerce et la Paix ; deux trépieds sculptés en bois doré, une ravissante caisse à fleurs.

En suivant le pourtour, nous admirons sur notre droite un magnifique porte-fusil en chêne sculpté, de M. J. Fossey ; ensuite un meuble d'antiquaire, de noyer sculpté, avec moulures d'ébène, d'un style très-pur, de M G. Maynard ; dans l'allée transversale sur notre gauche, se trouvent : à droite, un porte-fusil en chêne, supporté par deux chiens enchaînés, également en chêne ; un bureau-bibliothèque, de poirier, de Guéret ; plus loin, une armoire style Louis XV, et une psyché, de Lendolph ; un buffet de boule, en cuivre, émail et composition d'argent, de Bellangé ; à gauche, des meubles superbes de Fourdinois, savoir une armoire en ébène, une table à échiquier en bois de rose, et un bureau style Louis XV.

Au pilier à droite de l'escalier A, nous trouvons adossés de ravissants petits miroirs de toilette, en bois sculpté. La loge, à droite du pilier, renferme une immense cheminée sculptée en chêne, de Rondillon. Devant le pilier à droite de cette loge, se dresse une pièce d'ébénisterie très-ingénieuse, de M. Gémy : c'est une cave à liqueurs placée sur un guéridon. Par un mécanisme très-habilement ménagé, on transforme cette pièce en ratelier de pipes et de cigares, avec bonbonnière, table à jeu, jeu de roulettes ; enfin on peut descendre la cave dans le centre de la table et former ainsi un guéridon. Le prix de ce meuble curieux est de 3,000 fr.

Remontons maintenant l'allée transversale sur notre droite. Là, nous voyons, à droite, un lit et une table en bois d'ébène, de Mercier ; à gauche, une bibliothèque en ébène, avec des médaillons argentés, du prix de 6,000 fr. ; un buffet en bois, travail de marqueterie avec des peintures de Fouque, de MM. Bigot et Cⁱ ; d'autres meubles en marqueterie de M. Rummel ; enfin, des meubles de Boule, de M. Diehl, entre autres une table-étagère, un coffret à cachemires, une cave à liqueurs et une psyché en ébène, à miroir double.

En rentrant dans le pourtour, nous rencontrons, à droite, un buffet en chêne et ébène de Chaix, un bureau armoire de Hoefer, et une grande bibliothèque en noyer de Klein. Dans l'allée transversale, sur notre gauche, nous trouvons, à droite, une armoire à glace et un bureau prie-dieu en ébène de Sicard à Lyon ; plus loin, un buffet-étagère en poirier, avec des sujets représentant les quatre parties du monde et les hommes les plus célèbres de tous les temps, de Ribaillier, fournisseur de S. M. l'Impératrice ; enfin, un buffet en noyer de Roussel : à gauche, un joli buffet en ébène ; et plus loin, des meubles en marqueterie avec incrustation de porcelaine, de Rivart, entre autres un magnifique guéridon, du prix de 3,000 fr.

La loge située à droite de celle de M. Rondillon renferme une énorme bibliothèque, chef-d'œuvre de marqueterie, avec ornements en cuivre doré, de Mᵐᵉ veuve Allard et fils : le prix de cette pièce est de 20,000 fr.

Remontons maintenant l'allée transversale, sur notre droite : nous y voyons, à droite, un bureau-ministre à quatre faces, en noyer, de M. Salomon, du prix de 5,000 fr. ; de plus, à droite et à gauche, plusieurs jolis lits. Revenons dans le pourtour ; nous remarquons près du mur, une bibliothèque en chêne, de Weiber-Pitetti, et un buffet en chêne de Ribaillier. Dans l'allée transversale à gauche se trouvent, à gauche, un buffet en noyer ; à droite, des meubles en papier mâché, de Drugeon, et des meubles en laque, de Mainfroy. La loge, en face de cette allée, renferme de splendides meubles en laque, d'Osmont, entre autres une armoire à glace de 2,500 fr. ; la loge, à droite de la précédente, abrite des meubles de Boule, entre autres un lit magnifique de Daguin et Philippe.

Nous remontons maintenant l'allée transversale sur notre droite ; on y remarque à gauche, des meubles en laque incrustés, entre autres un buffet avec incrustations de nacre, de 6,000 fr. de MM. Ducroy, Rose et C°. Dans le pourtour, du côté du mur, s'élève la belle bibliothèque en chêne de Beaufils à Bordeaux ; à côté, un bahut de salon, en ébène et marbre, orné de fleurs en mosaïque. Le haut des murs est décoré de papiers peints et de tapis d'Aubusson. Plus loin s'adosse au mur une énorme chaire d'église, en chêne, d'un style un peu lourd ; en face de cette chaire, on voit une collection de billards de Bouhardet, entre autres un de bois d'ébène aux ornements de bronze doré, du prix de 10,000 fr. A côté de la chaire se trouve l'entrée de la galerie des dessins industriels. Parmi les dessins qui sont suspendus aux murs ou exposés sur des tables, on remarque, à gauche de l'entrée, celui d'une nappe commandée par la maison de l'Empereur ; cette pièce aura 30 mètres de long sur quatre de large. Les autres dessins se rapportent aux tissus, à l'orfévrerie, ébénisterie, enfin à presque toutes les branches industrielles,

Outre les dessins il y a encore dans la même salle un certain nombre de modèles de constructions différentes. Nous citons, à droite de l'entrée, les modèles d'une cité ouvrière, d'une nouvelle forme, de constructions monumentales, de charpentes, le plan-relief du port de Calais avec mouvement mécanique, œuvre de quinze ans de travail, par M. A. Caron, employé à la douane de Calais. A gauche de l'entrée se trouvent, entre autres, un relief du Mont-Blanc ; le modèle de la gare de Rome pour le chemin de fer de Civita-Vecchia ; plusieurs feuilles de la magnifique carte de France publiée par le Dépôt de la Guerre, etc.

Si nous retournons au pourtour et pour continuer notre tournée à l'endroit où nous l'avons interrompue, nous voyons à gauche, près d'une des entrées de l'intérieur de la rotonde, une loge remplie par les meubles et les lits de M. Osmont et de M. Descartes. Parmi ces derniers, nous admirons un lit et une toilette d'un goût exquis, recouverts de dentelle ; de plus des lits-canapés et un divan dit *siamois,* à six siéges. L'espace, vis-à-vis de cette loge et jusqu'au mur du pourtour, est rempli par des meubles et de la literie de Paris, dans les formes les plus variées. Les loges, après l'escalier B, abritent des ornements en zinc et cuivre estampé, des articles de ménage et des outils, tandis que les vitrines qui s'élèvent dans toute la largeur du pourtour nous montrent les produits si nombreux de la cristallerie.

Après avoir passé devant l'escalier conduisant à la grande Annexe, nous remarquons dans les loges à gauche des articles de ménage, des outils et des armes blanches. L'espace du milieu est occupé par plusieurs rangées circulaires de vitrines : celles de gauche renferment de la coutellerie, et celles de droite une collection de lampes des plus splendides ; enfin les vitrines du milieu forment une espèce de carré, où nous admirons les produits de l'armurerie de Paris et de Saint-

Étienne. Nous citons entre autres un fusil commandé par l'Empereur, et un autre commandé par le vice-roi d'Egypte, dans la vitrine de M. Gastine-Renette, ainsi que la riche exposition de M. Devisme, couronnée par un immense aigle en fer, dont les ailes sont formées par des lames et la foudre par des baïonnettes.

A droite et à l'extérieur du pourtour s'adosse une galerie circulaire, où nous trouvons les expositions de la serrurerie et de la ferblanterie.

A peu près en face de l'escalier D commence la région des instruments de musique des facteurs français. Les flûtes et les tambours ouvrent la marche ; ils sont suivis par les instruments à vent en cuivre et par les violons. Au milieu sont placés les pianos, orgues, harmoniums, mélodiums : nous y trouvons tous les facteurs célèbres, les Erard, les Pleyel, Debain, Pape, Alexandre, Darche, Marix, etc., et le sono-type ou guide-accord de M. Delsarte, nouvelle invention très-ingénieuse, pour faciliter l'accord des pianos. A droite s'adosse au mur l'orgue gigantesque de M. Ducroquet, l'auteur du grand orgue de Saint-Eustache.

Devant cet orgue sont placés plusieurs ouvrages en fonte, produits des grandes usines françaises. Nous citerons surtout la magnifique collection de statues, vases et autres ornements de M. Ducel, à Pocé, et de M. Barbeat, au Val d'Osne.

Remarquons encore, sur notre gauche et près de l'escalier J, une loge où se trouvent un lit magnifique et un buffet de M. Krieger, avec des meubles de salon et des décors d'appartement, de M. Deville, et pénétrons ensuite, par l'entrée située vis-à-vis du Palais principal, dans l'intérieur du Panorama.

Dans le petit vestibule qui précède, deux très-belles bibliothèques, style florentin, de M. Barbedienne, dont celle à main gauche est en bois d'ébène massif et appliqué, et orné de bas-reliefs en bronze d'après Michel-

15.

Ange. Cette bibliothèque, qui vaut 35,000 fr., a valu à M. Barbedienne la grande médaille à l'Exposition de Londres. Celle en face est en chêne orné de lapis et d'agate; on voit une pendule au milieu, avec deux figures en bronze, d'après celles de Michel-Ange qui ornent le tombeau de Médicis à Florence. Ce meuble vaut 22,000 fr.

PANORAMA

L'intérieur du Panorama est consacré principalement aux produits des manufactures impériales des Gobelins, de Beauvais et de Sèvres. Sur l'estrade du milieu sont exposés les diamants de la couronne.

A l'entrée, nous voyons deux coupes, l'une en cristal, l'autre en lapis, ornées d'or, d'argent et de pierres précieuses, exposées par MM. Duponchel et C°; à côté, nous trouvons des échantillons du nouveau métal nommé *aluminium*, exposé par l'ordre de l'Empereur, et destiné à un grand avenir. Au-dessus sont les belles tapisseries de M. Flaissier de Nîmes. M. Christofle expose plus loin de très-beaux échantillons de son argenterie par voie galvanique; et à côté de lui, il y a une petite toilette ravissante, en bois et porcelaine de Sèvres, exécutée par M. Fossey. Après avoir passé une porte ornée d'un grand vase de Sèvres rempli de fleurs, nous arrivons à l'exposition des Gobelins. Là, nous voyons les tableaux suivants : Psyché présentée à l'assemblée des dieux, d'après la fresque de Raphaël à la Farnésine, et une copie de Papety, tapisserie exécutée par MM. Buffet, Munier, Greliche, Besson, Margarita et Hupé; — saint Paul et saint Barnabé à Lystria, tapisserie exécutée d'après Raphaël et les tapisseries du Vatican, par MM. Gilbert et Prévolet; — la Pêche miraculeuse, tapisserie exécutée d'après Raphaël et les tapisseries du Vatican, par M. Ed. Flament, J. Desroy et Em. Flament ; — le Corps de Jésus, mis au tombeau, d'après Michel-Ange Caravage et une copie de Brenet, par MM. Rançon, Manigan et Laveau ; — le Christ au tombeau, d'après Philippe de Champaigne, par M. Ed. Flament ; — la Vierge, dite *au poisson*, d'après Raphaël et une copie réduite de M. H. Lucas, par M. Munier ; — le portrait de Colbert, d'après Claude Lefebvre, par M. Buffet ; — le portrait de Lebrun, d'après Largillière, avec entourage symbolique, d'après M. Am. Couder, par MM. Buffet, Al. Duruy, Durand et Bloquère ; — les Confidences, d'après le modèle original de Fr. Boucher, par MM. Hupé et Ch. Sollier ; — Sylvie délivrée par Amynthe de la fureur d'un monstre, sujet tiré de la tragi-comédie d'*Amynthe et Sylvie*, d'après le modèle de Fr. Boucher, par MM. Manigan et Greliche fils.

De l'autre côté de la porte sont les tapis de la Savonnerie, parmi lesquels un tapis exécuté pour un salon des Tuileries, un canapé, des fauteuils et des chiens de chasse, d'après Desportes. Les tapisseries de Beauvais qui suivent nous montrent des tableaux d'après Desportes, Mignon, Oudry, etc., un très-bel écran et de beaux meubles style Louis XIII et autres.

Les tapis de M. Sallandrouze, de Marseille, terminent le pourtour intérieur du Panorama. Sur l'estrade, on a disposé à main droite un très-riche service appartenant à S. M. l'Empereur, et exécuté par MM. Gilbert et Christofle. La pièce capitale du surtout est un groupe allégorique. Le Génie de la France napoléonienne, représenté par une femme vêtue de larges draperies, étend les bras tenant dans ses mains des couronnes qu'elle distribue à tous les genres de mérite. La Religion, la Concorde, la Force et la Justice sont assises à ses pieds ; deux quadriges s'élancent de deux côtés. Le Génie de la guerre, à main droite, guide un char attelé de 4 coursiers ; de l'autre côté, l'Agriculture est traînée par 4 bœufs modelés sur les plus belles espèces de France. A droite et à gauche sont rangées les autres pièces du service, ornées de figures allégoriques. L'autre côté de l'estrade contient les célèbres porcelaines de Sèvres.

En face de l'entrée est placé un grand vase commémoratif de l'Exposition de Londres, d'une grande beauté, composé par M. Dieterle, et offert à la reine d'Angleterre. La frise représente une procession de toutes les nations du monde vers le centre, occupé par trois figures symbolisant l'Abondance, la Justice et la Concorde. A la tête des nations se trouvent, à gauche, la France et la Belgique; après elles, l'Autriche et la Prusse, l'Espagne, le Portugal, la Turquie et les États-Unis. A droite, c'est l'Angleterre avec ses colonies qui ouvre la marche, suivie de la Russie, de la Chine, etc. La composition de cette frise est de M. Gérôme. — Les autres objets de cette exposition se composent de tableaux sur porcelaine, distribués partout dans cette rotonde, parmi lesquels l'entrée de Henri IV à Paris d'après Gérard, et Charles Ier d'après Van Dyk (auprès de la porte par laquelle nous sommes entrés) ; les portraits de L. L. MM. l'Empereur et l'Impératrice, sur l'estrade ; un portrait d'après le Tintoret, porte est ; le portrait de Van Dyk d'après celui du Louvre, etc, ; des vases de toutes grandeurs, des jattes, des coupes, des services de table, de thé, de café, etc.; des émaux sur fer, très-remarquables, parmi lesquels les quatre Évangélistes, de grande dimension, à la porte sud ; des groupes en biscuit, etc.

Le milieu de l'estrade est occupé par les diamants de la couronne. On voit dans la vitrine qui contient cette riche collection, d'une valeur de 35 millons, environ, au centre et en haut, la couronne impériale surmontée du diamant célèbre dit le *Régent;* cette couronne a été exécutée par M. Lemonnier. Au dessous, et en commençant par la parure qui fait face à la porte du sud, celle en diamants et en rubis ; puis la couronne de l'Impératrice ; une épée ornée de diamants ; le collier de la Légion d'honneur, de l'Empereur ; des décorations d'ordres étrangers, ornées de diamants, parmi lesquels la jarretière donnée à S. Majesté par la reine d'Angleterre. Suivent des rivières de diamants surmontées d'un diadème très-élégant, également en diamants, puis une parure saphirs et diamants, avec un tour de corsage, un bouquet et une ceinture. Le compartiment suivant nous montre une parure turquoises et diamants, suivie par les diamants de l'Impératrice, parmi lesquels un collier de gros diamants de la valeur de 1,800,000 fr. Ce collier a été offert à Sa Majesté, lors de son mariage, par la ville de Paris. L'Impératrice ne voulut pas accepter ce riche cadeau, et pria la ville de Paris de distribuer aux pauvres la valeur de ces bijoux, ce qui fut fait. Mais Sa Majesté l'Empereur s'est empressée de les acquérir et de les offrir à l'Impératrice. Les autres parures diamants et émeraudes, et les belles perles de cette collection seront encore remarquées. Les riches parures de perles qui suivent proviennent de la Prusse, qui les a données à Napoléon Ier en paiement de contributions de guerre. En quittant le Panorama par la porte sud, nous trouvons, à gauche de la sortie, les anciens modèles de Sèvres à droite, la marchandise courante de cette fabrique. Nous passons devant une belle jardinière de Sèvres, remplie de fleurs, qui orne le milieu, pour arriver au large escalier conduisant à l'annexe. On a placé sur cet escalier quelques retardataires de l'horlogerie parisienne.

TROISIÈME PARTIE

ANNEXE

Pour conduire le visiteur de la manière la plus convenable, nous le prierons de monter à la petite galerie du côté du Cours - la - Reine, où il trouvera quelques meubles faits de bois d'Algérie et des étoffes de soie faites à Lyon de soies d'Algérie. Ensuite un grand groupe de vitrines remplies, du côté gauche, de produits agricoles ; du côté droit, des modèles en cire et autres d'oiseaux empaillés, etc.., d'appareils de chirurgie, etc. On voit exposés le long du mur les nouveaux procédés pour l'enseignement de la lecture, de l'écriture et du calcul. Le second groupe de vitrines contient les instruments de chirurgie de toutes sortes. Le troisième groupe est consacré à l'art du dentiste et aux instruments astronomiques. Suivent les papiers, les instruments de physique, de géométrie, d'optique, etc., les appareils électriques, les stéréoscopes, etc., exposés par la France.

La Belgique expose ici des ruches d'abeilles et des produits agricoles de toutes sortes, des instruments d'optique et de physique en général, des télégraphes ; et l'Autriche, des produits agricoles, de la coutellerie, des appareils magnétiques et électriques d'une grande beauté, des armes, des cartes géologiques et des pendules. La Prusse a également ici des appareils électriques, des instruments d'optique, du papier, des articles en caoutchouc, etc ; la Hesse, la Saxe et le Wurtemberg ont des produits agricoles , des minéraux, du papier, etc ; la Norwége a des costumes pittoresques, des traîneaux, des voitures et des peaux. La Compagnie Hollandaise des Indes Orientales expose des tissus, des produits agricoles, des bois, et des objets en usage chez les indigènes. Suivent encore des objets de la Norwége, savoir : des produits agricoles, des minéraux, des ustensiles de ménage, du papier, des bois de toutes sortes. La Sardaigne a du marbre, des minéraux, etc.; et Rome, le modèle d'un toit fait sans emploi de bois.

Après avoir passé devant quelques modèles de constructions civiles, quelques minéraux, objets de terre cuite et autres, de France, on arrive à l'Angleterre et ses colonies. Il y a là des alpacas, des ruches d'abeilles et des papiers peints de la Grande-Bretagne. La Nouvelle-Zélande expose des bois, des minéraux et une collection très-originale des curiosités de ce pays, envoyée par le colonel Wyngard. Le Cap de Bonne-Espérance a envoyé des minéraux, des produits agricoles, des cuirs, du bois, et quelques meubles faits de ces bois. La tere de Van-Diemen a des oiseaux empaillés, des minéraux et des produits agricoles ; l'Australie des échantillons de typographie, des oiseaux empaillés, des minerais de ses mines aurifères, une ruche d'abeilles, des céréales, des vins, etc. Après les animaux empaillés, les peaux, les images d'indigènes et d'autres curiosités de l'Archipel des Indes, vient Ceylan, qui termine cette galerie. Cette colonie expose des modèles de bateaux, des meubles, de la bijouterie, et différents objets faits par les indigènes.

GRANDE-BRETAGNE

La première exposition au rez-de-chaussée, près la porte, est celle de la Grande-Bretagne. La compagnie des forges dite Colebrookdale, expose des escaliers, des ornements de jardin, des balustrades, et autres objets en fer forgé. Suit une collection de fers du Royaume-Uni, de toutes sortes, exposée par le ministère du commerce et fournie par tous les districts des fers de la Grande-Bretagne. La sellerie et le harnais viennent après, suivis par la parfumerie. Dans l'allée de droite, sous la galerie, se trouvent les cuirs et les objets en cuir, et à gauche la collection des houilles et anthracites du Royaume-Uni, exposée également par le ministère du commerce. En poursuivant, au milieu, nous arrivons aux instruments agricoles anglais. Ici nous trouvons à main droite la machine à faire des briques, de M. Clayton, une machine à semer le lin, de M. Robinson, et une à fabriquer des tuiles, des briques, des tuyaux de drainage, etc., de M. Whitehead. Viennent après la machine de la force d'un cheval, pour tondre et rouler les pièces de gazon dans un parc, de M. Shanks, et la houe à timon de fer forgé, de M. Smith. M. Garret expose une machine à vapeur à battre le blé, un semoir, une houe à levier, une houe tournante et un distributeur d'engrais ; à gauche, un autre distributeur d'engrais, de M. Chamber, et à droite, une machine à moissonner, de M. Dray. Suivent les machines à moissonner, rouleaux, etc., de M. Croskill, et la machine à vapeur locomobile et autres instruments agricoles de M. Ransomes. Suivent les machines à battre le blé et autres de MM. Hornsby et Clayton, les herses de M. Howard et d'autres herses, houes, charrues, etc.

CANADA

Maintenant, nous arrivons à la collection du Canada, qui occupe une superficie d'environ 2,510 mètres carrés ; et le visiteur remarquera qu'elle contient tous les matériaux de la contrée qu'elle représente, bruts ou fabriqués, et montre un tableau complet des ressources naturelles et de la civilisation du Canada. Sur le côté du nord sont des productions minérales, qui se composent de minerai de fer, d'un grand aérolithe, et des minerais de cuivre. On y voit aussi de l'or natif en poussière, d'une valeur de 10,000 à 12,000 fr., des ardoises et des productions minérales comme celles qu'on emploie dans la construction, la pierre lithographique, et les couleurs, minéraux, etc. Tout près il y a une collection très-belle de céréales. Les échantillons sont rangés sur deux lignes et se composent d'une quantité de grains assez grande. Il y a treize échantillons de froment; 23 différentes espèces de pois et plusieurs autres sortes de graines aussi bien que de la farine ; des échantillons de sucre d'érable et de sirop d'érable, et d'autres espèces de sucres raffinés. Sur le même comptoir un exposant, M. Shepherd, montre plus de cent variétés de semences de fleurs, et Mlle Shepherd expose des aquarelles représentant des pommes, prunes, melons, légumes, etc., d'une grande ressemblance. Il y a encore des modèles en cire de fruits et de légumes. En outre des substances alimentaires, on remarquera des échantillons d'huiles de baleine, de phoque, requin, morue, etc.

Une collection de blocs des grands arbres des forêts canadiennes vient ensuite et nous conduit aux bois de commerce, dont il y a un trophée au milieu du carré, qui a 15 mètres de hauteur, et se compose de trois étages, avec un escalier en spirale à l'intérieur. De l'étage le plus élevé, on a une vue étendue de l'intérieur de l'édifice. A la base du trophée sont deux portes faites à la mécanique, et dont le bon marché est surprenant. Plusieurs modèles de vaisseaux et de bateaux à vapeur entourent ce trophée des dépouilles des antiques forêts. Au sommet se trouve un castor qui est le cimier des armoiries canadiennes. Du côté nord, le visiteur remarquera un modèle du pont Victoria, qui est un viaduc du chemin de fer *Grand-Trunk*, et est d'une longueur de presque une lieue de France. De l'autre côté du trophée sont plusieurs autres spécimens des travaux publics du Canada. Il y a encore deux voitures à quatre roues, très-légères et élégantes, et deux pompes à feu. Les Canadiens sont renommés pour la construction des objets de sauvetage. On voit dans leur exposition des instruments tranchants, une machine à coudre, et des meubles. Contre le mur, à côté de la rivière, se trouvent plusieurs dessins représentant des villes et des édifices publics et des photographies d'un caractère remarquable. Une belle collection de plus de 300 oiseaux et animaux empaillés, du Canada, attire les regards. Parmi les échantillons de cuirs, il y en a qui sont faits de peau de marsouin, d'une qualité très-supérieure, et qui paraissent être un produit particulier du Canada. On voit encore là des fourrures, chaussures, harnais, de la sellerie, des savons, des produits chimiques, des bois de teinture, de la cire, etc.; des viandes conservées, des échantillons de reliure, de typographie, etc.

La dernière case contient des robes indiennes et des objets faits par les indigènes, qui se composent de nattes, boîtes, porte-cigares, fabriqués avec de l'écorce de bouleau, brodés de poil d'élan d'Amérique; on remarque encore des dards de porc-épic, et les produits de diverses industries dans lesquelles les

Indiens sont très-habiles, leur système d'application de certaines couleurs, étant encore inconnu aux autres habitants du pays. Et enfin il y a plusieurs instruments d'agriculture.

En sortant du compartiment du Canada, le visiteur trouve une collection de modèles de travaux d'architecture, exposés par M. le ministre des travaux publics en France. On y remarquera entre autres le modèle du pont Napoléon, construit sur la Seine, à Bercy, pour le chemin de fer de ceinture ; celui du pont d'Arcole près l'Hôtel-de-Ville, et celui du pont d'Asnières sur le chemin de fer de Versailles. De plus, le modèle du viaduc très-hardi sur la Rance (Côte-d'Or), et un autre de l'aqueduc de Roquefavour, conduisant les eaux de la Durance à Marseille ; en face se trouve le modèle des échafaudages établis pour la construction de ce même aqueduc.

ITALIE. — ESPAGNE ET PORTUGAL.

La galerie suivante se divise en deux parties : à droite est la Toscane, à gauche l'Espagne, dont nous avons déjà vu les principaux produits au premier étage du Palais.

Dans cette exposition accessoire, la Toscane nous offre sur les deux faces une très-belle collection géologique, parmi laquelle les beaux marbres de la côte qui touche à Massa-Carrara ; à gauche, l'Institut royal de Florence a exposé des machines de physique, et à droite, jusque sous la voûte, se prolongent les huiles, les grains et les cuirs.

De l'autre côté de l'annexe, c'est-à-dire sur la rive gauche, s'étend l'exposition espagnole. De magnifiques échantillons des nombreuses mines de l'Espagne forment une collection importante au point de vue des exploitations. En face, à droite, est la poterie d'ornement, puis des échantillons de fonte, parmi lesquels on remarquera le buste de la reine Isabelle II, celui du roi et celui du général O'Donnell. Au pied de ces bustes est un canon du calibre de 32 livres, fondu à Turin, puis à droite, toujours de beaux marbres des Pyrénées et de la Sierra-Leone. Le côté gauche est occupé par une splendide collection de bois des immenses forêts qui couvrent les flancs des Pyrénées, exposés avec les feuilles, les graines et les fruits. Viennent ensuite les produits agricoles qui se prolongent jusque sous la voûte des galeries hautes. Les huiles occupent les planches placées le long du mur, et à côté s'étendent les laines des moutons mérinos et des bergeries royales qui couvrent l'Espagne.

On passe immédiatement après, toujours à gauche, dans l'exposition du Portugal. Des fontes, parmi lesquelles on remarquera celle de Diane, des cordages, du liége; un magnifique vase en poterie du pays pour tenir l'eau fraîche, nommé alcarajas; puis des charbons et des grains, à gauche, forment toute l'exposition de ce pays.

La partie droite de la galerie est occupée par les *États pontificaux*, dont toute l'exposition se réduit à de superbes échantillons de marbres bruts ou travaillés à la mode romaine, de bois des forêts des Apennins, de charbons de Velletri, et de roseaux occupant la rive droite et se prolongeant jusqu'au mur du Cours-la-Reine.

Quelques produits sardes se trouvent encore là : un coffre-fort, une série de modèles industriels, un moulin, et un système de locomotion pour ballons. En face sont les machines agricoles de la Savoie, toujours sur la rive droite; une voiture de Turin et des billards.

GRÈCE. — EMPIRE OTTOMAN.

La rive gauche est occupée par les produits du sol de l'empire ottoman, grains, fruits, peaux de bêtes. Sur la muraille du centre, Tripoli a exposé ses produits, entièrement composés de dépouilles de la chasse, parmi lesquelles on remarquera de belles peaux d'autruche. Le fond et la muraille du bord de l'eau sont occupés par des cuirs de toutes couleurs et des peaux de chèvres.

En suivant la rive droite, on trouve ensuite la Grèce. Son exposition se réduit à quelques peaux et à des marbres magnifiques. Un tombeau sculpté d'après l'antique en marbre blanc de Paros, celui avec lequel Phidias et Praxitèle sculptaient leurs dieux. La table à gauche est couverte de mosaïques représentant les principaux monuments de l'ancienne Grèce.

SUISSE. — PAYS-BAS.

De là, on débouche dans la Suisse au centre de laquelle on rencontre des machines pour filer le coton, des billards, puis deux superbes plans en relief des cantons helvétiques, avec les lacs, les montagnes, les neiges, les villages et jusqu'aux châlets. Une loge carrée s'ouvre ensuite, sous laquelle sont abrités des meubles de luxe de la Suisse. On y remarquera surtout le bahut placé à l'extrémité à droite, en bois peint, avec des sculptures représentant des Suisses de l'époque de Guillaume Tell.

Après la Suisse, se présente l'exposition des Pays-Bas, exposition qui, outre ses pipes et ses tabacs, ne présente rien de remarquable, que son immense trophée des colonies hollandaises. Ce trophée, au reste exclusivement agricole, est surmonté de bannières qui portent les noms de Java, Sumatra, Célèbes, Trichinapally, etc. Le trophée est composé de grains, maïs, sucre, huiles, café, cotons, indigo, opium, mais surto ut de magnifiques spécimens de bois, parmi lesquels on remarquera des armes de chefs, ustensiles, canots, vêtements et autres objets en usage chez les indigène s des îles coloniales.

DANEMARK

Les expositions qui se présentent après celle des Pays-Bas sont celles de deux royaumes contenues dans le même carré : le Danemark à gauche, et la Suède à droite. Le milieu de l'annexe est partagé entre eux de la même façon : la face qui regarde la gauche appartient au Danamarck, celle qui regarde le côté du Cours-la-Reine à la Suède.

Au dessus de la table, à gauche, se trouvent de nombreux spécimens d'outils agricoles. On sait que l'agriculture dans ces pays du nord est fort avancée, et a des procédés particuliers et très-intéressants : sarcloirs, bêches, fourches offrent des formes spéciales. Sur la table, on voit trois systèmes de couteaux pour couper le pain, des ciseaux, des cordes pour filatures, puis divers modèles agricoles très-délicatement exécutés et le modèle d'une machine pour semer le blé ; cette machine à trois roues est mue par un seul cheval. Elle est exposée par l'école Polytechnique de Copenhague, ainsi que le modèle d'une machine à hacher la paille, qui se trouve à côté. A côté encore, on voit le modèle d'une machine qui peut fabriquer 5,000 clous à l'heure, avec une carte des produits, puis une machine à découper le pain de seigle, puis des échantillons de verrerie à l'extrémité gauche de la table. A l'extrémité droite de cette même table, on voit un cadre contenant des spécimens de jeux de cartes danois, de la bougie stéarique, de la moutarde, de la cire, des savons, des produits chimiques, des crins et des laines.

Devant, sur la face du milieu de l'annexe, des instruments agricoles, une charrue, une machine à broyer l'avoine, etc.; puis en continuant, au milieu, du même côté, un coffre-fort de Hombourg, des fontes, une ravissante voiture américaine double en bois jaune, peinte en bleu, également de Hombourg ; puis enfin une petite vitrine qui termine cette partie et qui contient 15 espèces d'oiseaux empaillés, des environs de Gothembourg, depuis des petits oiseaux de nuit d'un pouce jusqu'à des hiboux de deux pieds.

SUÈDE

Sur une table placée à gauche, parallèlement à celle du Danemark, on voit d'abord des échantillons de serrurerie, puis de minerais et de fonte, et des armes suspendues en trophées dont les bois sont veinés de nuances diverses, puis des bêches, des instruments agricoles et de la minéralogie. Au centre, en face, se trouvent des spécimens de chaînes en fer, des ancres de marine, des fourneaux, au pied desquels sont rangés des sacs de grains et d'avoine. En suivant toujours la ligne du centre, on rencontre trois élégants traîneaux pour parcourir les glaces de ce pays, recouverts de fourrures d'ours et de bêtes du Nord.

Sous la galerie couverte par le premier étage se trouvent exposés des sucres, des ardoises, des minéraux, des produits agricoles, des cuirs, puis un modèle d'établissement gymnastique médicale suédois, avec planches pour démontrer les exercices des élèves ; enfin des peaux, des cigares et des fruits en sucre, et des échantillons de bougie stéarique de la fabrique de Sainte-Claire, à Stockolm.

BADE, BAVIÈRE, WURTEMBERG

L'exposition de Bade présente au centre un appareil de Murh pour distillations et décoctions. A droite, des pompes à incendie ; sous la voûte, des herbiers remplis de diverses espèces de tabac, comme spécimens de la culture des provinces Rhénanes. A gauche, on voit des cuirs de Bade et des tablettes de peinture du Wurtemberg, avec spécimens de leur application ; puis un appareil distillatoire bavarois, des papiers et des cuirs de Munich. A gauche, le long du mur adossé au quai, des appareils chimiques du docteur Marh, d'Heillbronn, et à côté, des machines à souder par l'hydrogène. Au centre, des échantillons de houille de la marche de Schwartz (Bavière-Rhénane), qui fournissent les chemins de fer Rhénans ; à droite et à gauche, des houilles saxonnes. Viennent ensuite des bougies de Munich au centre, puis à droite, une élégante machine à guillocher de Pforzheim. Le passage est alors occupé par une pyramide élevée composée de faux et autres instruments d'acier, venant des fameuses forges du Wurtemberg. A droite se trouve une exposition du zinc de la Vieille-Montagne ; enfin, pour terminer ces expositions collectives, des échantillons de pierre de grès et de meules de moulins du Wurtemberg ; ensuite, des fourrures, des tabacs et des savons de la Hesse.

PRUSSE

En entrant en Prusse, on se trouve en présence d'un magnifique appareil évaporatoire pour sucreries, par A. Neckmann, composé de cinq chaudières ; c'est un magnifique échantillon des fonderies de cuivre prussiennes. A droite, au centre, se trouvent des faux ; en face, une longue table, derrière laquelle une autre se trouve placée, sous la voûte du premier étage, contient les échantillons avec les machines, les plans par M. Borchers, ingénieur, et quelques produits des fameuses mines du Harz en Hanovre. On y voit douze petites statues des apôtres en fonte. Au centre, à droite, se présente la société des forges du Rhin, qui, entre autres produits, expose un arbre de fer laminé, de 7 mètres, 015 millim., de longueur, de 265 millim., de diamètre, et d'un poids de 3,348 kilogrammes.

Sur le revers du massif du centre sont les plaques, les tôles, les fils d'acier et de laiton de Jacobi, Daniel, des provinces Rhénanes. On remarquera dans une petite vitrine de leur exposition du nickel en métal et en oxyde. En face sous la voûte, se trouvent des laines de Brandebourg et des cuirs. De l'autre côté, à droite, vers le mur, des échantillons de minerais divers, surmontés du buste du fameux Alexandre de Humbodt.

Au centre, sur des blocs de houille, des animaux empaillés, des tigres, des belettes, des perdrix ; puis à gauche, une magnifique carte géologique et minéralogique de la Prusse-Rhénane et Westphalienne exposée par le ministère des travaux publics de Berlin, puis des échantillons de zinc de Dellingen. Le centre est occupé maintenant par une série de cloches des mines et fonderies d'acier de Boehun ; l'une de ces cloches pèse 1,400 kilogr., la deuxième 1,950, la troisième 2,750 ; elles coûtent 1 fr., 50 cent. le kilogr. fondu. Ces cloches sont peintes en noir. Les trois autres placées de l'autre côté portent les inscriptions suivantes : la première, *Sancte Michaële, ora pro nobis* ; la deuxième, *Sancte Martine* ; la troisième, *Sabbata pango., funera plango, noxia frango*. L'exposition prussienne se termine enfin par une grande horloge bavaroise élevée sur une caisse, dans laquelle on voit le mouvement ; les timbres sont formés par deux cloches.

AUTRICHE

Après l'horloge se dresse une pyramide de vins autrichiens, tirés des premiers crus du Voeslau au centre. Aussitôt après, la Société patriotique Autrichienne a exposé des grains. On voit à droite des échantillons de bois ; à gauche des modèles des instruments aratoires de Morsky, modèles d'une délicatesse extrême d'exécution. Au centre sont des produits agricoles, suivis d'un élégant pavillon, sous lequel sont de nombreux modèles d'instruments et de machines agricoles fort élégants. Au centre, des bougies et des savons, avec le buste de Napoléon III, en savon. A droite et à gauche, des fabriques d'allumettes chimiques ont exposé des produits sous toutes les formes et de toutes couleurs. Au centre, des fers de Rosthorn et Dickmar. A gauche sous la voûte, se trouvent les produits de la ferblanterie, et une vitrine contenant les échantillons de terre cuite de Miesbach, des tuiles, des briques, etc. Enfin, au centre, un élégant candélabre en fonte, à quatre branches, du prix de 1,500 fr., termine l'exposition autrichienne.

BELGIQUE

Au centre de l'exposition belge se trouvent de nombreux échantillons de sellerie, harnais complets, selles,

brides, mors, bridons, sellettes, etc. A droite sont les
produits agricoles, à gauche des peaux ; en continuant
à droite on trouve à nouveau de la sellerie et des
malles et sous la voûte des cheminées ; à gauche enfin,
des toiles cirées et une exposition de la Vieille-Montagne où l'on remarquera un magnifique bloc de calamine. Derrière à gauche, sous la voûte, sont les papiers ; à droite enfin une série de magnifiques cordes
de Belgique et de France par Dumon ; et de là on
entre en France.

FRANCE

La première exposition qui se présente quand on
entre en France, est celle de l'horlogerie et des instruments de précision. L'annexe se trouve en cet endroit séparée en deux allées par une ligne de petites
boutiques qui occupent le centre adossées deux à deux
et ayant face sur chacune des allées.

Entrons dans l'allée de gauche, sur le côté du bord
de l'eau : le visiteur remarquera dans la première vitrine une horloge en marbre noir de Grandperrin et
une pendule avec des médaillons de porcelaine ; en
face, une horloge à cloche de Galle, à Paris. Cette
horloge, marchant trente heures sans être remontée,
sans huile, avec pignons d'un seul morceau et trempés,
ne coûte que 600 fr. Sur le côté, Arera a exposé une
horloge placée dans une corbeille de fleurs ; des mouches
marquent les heures. Des papillons voltigent autour,
c'est une sorte de joujou. En face, Albert Petry de
Voulaines, présente une horloge de clocher remarquable par son bon marché. Sur le côté, Brocot et De-
letrez ont en montre une horloge sur corps en bois,
indiquant les jours et les mois, et auprès une pendule
dorée surmontée d'un candélabre qui s'élève au mi-

lieu, système nouveau. En face au centre, s'élève la grande et belle vitrine de Bréguet. A gauche de la vitrine on voit son télégraphe portatif des chemins de fer; sur le devant un télégraphe imprimeur du système Morse, au fond les appareils télégraphiques des chemins du Sud et du Nord, de chaque côté, et celui de l'État au milieu. Dans une petite montre par devant on voit des montres de 800, de 1,900 de 2,300 fr., de 4,300 fr. Au milieu sont des montres, l'une de 10,000 fr, qui indique les phases de la lune et qui est vendue au vice-roi d'Égypte ; l'autre montre perpétuelle dont tout le mécanisme est visible à travers une boîte de verre et qui est cotée 30,000 fr. Sur le côté gauche est une pendule sympathique de 12,000 fr, et enfin une pendule de voyage de 6,000 fr. Paul Garnier, à côté, a exposé une grande horloge élevée sur une boîte d'une douzaine de pieds. Au bas se trouvent un contrôleur du service ; des veilleurs de nuit ; à droite, un compteur, et un indicateur de pression de vapeur à gauche. Derrière ce dernier est un cylindre à signes mobiles pour impression de dépêches télégraphiques (système Morse).

A côté, la maison Niot Blin avec des tourne-broches, et l'on arrive à la grande exposition de Wagner neveu. Une grosse horloge de monument public surexhaussée sur un bâtis, et qui se voit de toute l'annexe, en forme la pièce principale. On voit le mécanisme de l'horloge suspendu entre les piliers qui la soutiennent. A droite de cette horloge, en faisant face à l'Exposition, dans le milieu de l'annexe, est un métronome pour battre les temps de la musique. Sur le devant, toujours à droite, une horloge très-simple qui n'est cotée que 400 fr. ; à côté, un mouvement qui peut faire marcher plusieurs cadrans. A gauche, on voit un instrument construit pour l'École des Ponts-et-Chaussées, qui enregistre les mouvements des marées. A gauche enfin tout-à-fait, l'horloge de Galilée, construite pour la première fois par son fils en 1649, recomposée par Boquillon d'après une lettre de Viviani, de 1659 et exécutée par Wagner neveu. En retour, du côté qui longe le Cours-la-Reine, en face de Wagner, est une magnifique horloge indiquant les heures différentes suivant les latitudes, Europe, Australie, Afrique, puis les mois, les lunaisons, les constellations, etc., etc. Les antipodes de Paris marqués sur elle, sont la petite île de Saint-Pierre (Australie). Dans cette allée il ne reste plus à voir que les lunettes astronomiques de Bardou, le système d'horloge pour l'église Sainte-Clotilde, exposé par Colin, et enfin un important fabricant breton, M. Gourdin, qui fabrique des horloges de clocher ; en face, sont des échantillons de l'horlogerie du Jura. Dans les galeries qui se trouvent sous la voûte du premier étage, à gauche, le long de l'eau, sont des instruments de pesage, des toiles cirées, des savons, des produits chimiques et des vases en platine pour concentrer les acides ; à droite des poëles, des fourneaux et des fontaines.

En reprenant l'allée de gauche, que nous avons quittée à Wagner, nous trouvons des instruments de précision, dans le massif du centre, des régulateurs, des instruments de physique, machine pneumatique, etc., une belle batterie de 50 éléments divers, semblable à celle qui servait à l'éclairage des docks, et qui avait coûté 275 fr. En face sont des siphons pour la fabrication de l'eau de Seltz. Puis des expositions de confiseurs, *le Fidèle Berger* de la rue des Lombards, Guérin-Bouton le chocolatier, etc. En face, des instruments de la physique et du daguerréotype. Dans l'allée de droite, on rencontre d'abord au centre, M. Charles Chevalier. Il expose entre autres des boîtes à daguerréotype avec planches obtenues ; on voit une magnifique épreuve transparente sur albumine du pavillon du Louvre. Après M. Chevalier vient Breton, avec un appareil électro-médical et des machines pneumatiques. En face, Rogeat de Lyon avec des dessicateurs, et deux pas après Rogeat, un modèle de train et de chaudière de locomotive.

Derrière cette allée continue l'exposition de la fumisterie, qui, à son extrémité, envahit également le centre. Tous les spécimens de l'emploi du calorique et du froid sont présentés là. On remarquera, au centre, le système de ventilation et de chauffage, appliqué à l'école Polytechnique par M. René-Duvoir; à droite, à côté, celui du grand hôpital Lariboissière, du clos Saint-Lazare à Paris, à côté de celui de l'Institut Impérial de France; à côté encore, les cuisines du lycée Napoléon, avec un système de chauffage pour les études. Tout cela est à droite. On arrive ensuite, toujours du même côté, à l'exposition des pièces d'anatomie élastique du docteur Auzoux de Paris. On remarquera un bel écorché de cheval, une tête de serpent, un ver à soie, etc. Toutes ces pièces se démontent et sont construites anatomiquement dans l'intérieur. Dans l'allée intérieure sont des poëles et des cheminées; sur la muraille, des instruments de taillanderie et de grosse quincaillerie. L'allée de gauche est occupée par les vitrines des parfumeurs parisiens.

Revenons à droite, où nous trouvons d'abord sur le côté les marbres de la Corse; au centre les forges d'Audincourt; un autel de Lanfray et Baud de Lyon et une chaire élégante en fonte de fer; puis le modèle d'un arbre en fer forgé pour le bateau à vapeur d'éther, l'*Arago*, et à côté, le modèle d'un marteau en fer forgé destiné à un pilon de 8,000 kil. pour les ateliers de la marine. Ces deux pièces sont en construction chez M. Cavé. Dans l'allée de gauche on voit des fontes, une énorme cuve de la fonderie de Conches; dans le massif du centre et aussitôt après, l'exposition de Boigues, Chambourg et C⁰, des conduites d'eau, des roues, un

buste de l'Empereur, un énorme câble en fer, des aciers
et des tôles. Sur le côté, toujours à gauche, est une série de cloches, entre autres une fort bien raccommodée.
Au fond, des coffres-forts. Cette allée se termine par
un magnifique affût de côté, fondu par Em. Martin, et
par les cloches destinées à l'église Sainte-Clotilde de
Paris, dont nous avons déjà vu l'horloge, cloches par
Hildebrand. Le long du mur sont des tôles et des spécimens de fonte. Dans l'allée de droite, le côté est occupé par des marbres. Au centre est l'exposition de
Montataire; des rails de 14 mètres 80 centimètres de
longueur, de 360 kilogrammes de pesanteur, de 19 mètres de long sur 380 kil. de poids, de 17 mètres 50 centimètres sur 149 kilogr. de poids, des plaques de tôle
de 1550 et 1100 kilogrammes de pesanteur. En face
sur le côté, on verra de beaux marbres roses et gris venant de Boulogne ; à côté, une table en rouge Fleury,
puis des planches d'acier et de cuivre de toute beauté.
Au centre, on trouve la grande exposition de Jackson
frères, Petin et Gaudet. Ils ont exposé la plus remarquable pièce de fonte qui soit à l'Exposition ; c'est un
arbre de bateau à vapeur qui ne pèse pas moins de
23,000 kilogrammes.

Dans l'allée de gauche sont des produits de forge.
et à côté, des forges portatives. Au centre, l'exposition
de Banis et Cᵉ (Vosges), offre un élégant portique construit tout en fonte. En face, le chemin de fer Grand-
Central a exposé ses fontes. Dans l'allée de droite, nous
trouvons maintenant les houilles. Les mines d'Anzin
ont construit un massif, qui n'est autre chose qu'un
grand modèle représentant l'intérieur de la mine, la
série des travaux, les mineurs, leurs instruments,
leurs modes de travail, leurs bennes, leurs machines, etc. Sur le haut de ce massif, on a élevé un
autre petit modèle en bois, destiné à montrer le système d'accrochages à ponts articulés, inventé et em-

ployé par M. Cabony, ingénieur et directeur des travaux à Anzin. Au retour de ce modèle sont tous les
habits et outillage des mineurs, accrochés en trophée.
Le fond de l'allée de droite, sous la voûte du premier
étage, est occupé par la quincaillerie, les fils de laiton, etc. ; celui de gauche par des houilles et des produits chimiques. L'exposition qui se présente ensuite
est celle des

COLONIES FRANÇAISES

La Martinique et la Guadeloupe ont étalé leurs
produits à main droite, le Sénégal, l'Ile de la Réunion
et Taïti, à main gauche. On voit dans cette exposition
des échantillons de bois, d'armes, de fruits, de tabacs,
de laine, de soie, d'étoffes faites de ces matières et
portées par les indigènes ; de céréales et autres produits de nos colonies, du café, du sucre, des épices
etc., et de très-belles dents d'éléphant.

L'ALGÉRIE

suit avec une très-belle collection de ses produits,
exposée par M. le ministre de la guerre. Une grande
loge, à la tête de cette exposition, contient de très-
beaux échantillons de céréales, des tiges de blé gigantesques, des gerbes magnifiques de blé dur et de blé
tendre, des bois de thuya, de cactus, de chêne, etc.
L'extérieur de cette loge est orné de peaux de panthères et de lions, d'une dépouille d'autruche, et des objets en paille faits par les indigènes. Derrière cette loge
on voit des échantillons très-remarquables de coton,
et au-dessus l'arbrisseau qui le produit. Des grains de

toutes sortes et des farines montrent la richesse et l'avenir de cette belle colonie. Une loge pareille à celle de l'entrée, se trouve au bout. Elle contient également des gerbes de blé, des bambous d'une hauteur incroyable, du maïs, etc. A main droite sous la galerie, est une collection de minéraux, parmi lesquels on remarquera l'agate, ou marbre onyx translucide d'une grande beauté, des objets faits de cette matière, et en outre, du vin, de l'huile, etc. A gauche on a placé des objets d'ébénisterie faits à Paris, et des bois d'Algérie.

Si nous montons à la galerie du côté sud, qui nous reste à parcourir, nous trouvons des étoffes de coton faites dans nos fabriques du Haut-Rhin avec des cotons d'Algérie, des pianos et des meubles également exécutés en bois d'Algérie.

La Guyane française expose à côté une pirogue, quelques oiseaux empaillés, quelques grains et des épices ; les établissements français dans l'Inde, des bois, de l'huile de coco, des essences, des livres imprimés et des caractères tamouls fondus par les indigènes. Des objets en caoutchouc de toutes sortes, et des produits chimiques de fabrique française suivent. A côté d'elles, les substances alimentaires, suivies encore de produits chimiques de toutes sortes.

L'Autriche vient après, avec du papier, plumes, couleurs, produits chimiques, sucre et appareils orthopédiques ; — La Prusse a exposé ici des échantillons de sirops, de liqueurs, d'eau de Cologne, de cigares, de bougies, de sucre ; — le Wurtemberg, du sel ammoniaque, de l'amadou, des produits chimiques, etc. ; La Hollande, des bougies, des liqueurs, des grains, des papiers peints, des cartes à jouer, etc.

On a placé à côté une exposition intéressante des

institutions de sourds-et-muets de Bordeaux et de Paris. L'institution de Bordeaux a envoyé des ornements d'église d'une très-belle exécution et celle de Paris un meuble très-bien fait, une machine à sculpter des statues, inventée par un élève de cet établissement, des objets sculptés en os et des broderies de beaucoup de goût.

Tunis vient après, avec des céréales, des fruits secs, des peaux de panthères et autres ; du miel, des nattes, des eaux minérales, de la poterie ordinaire, du cuir et des objets en cuir. L'Espagne expose ici du savon, des bougies, des papiers peints, des cartes à jouer, un billard, des objets en liége, des cigares, du chanvre et du sel gemme de Catalogne.

Une petite exposition de persiennes de toutes sortes de fabrique parisienne, sépare l'Espagne des *Colonies Anglaises*, qui occupent le bout de cette galerie. Les produits agricoles de toutes espèces exposés par le ministère du commerce de la Grande-Bretagne, sont suivis par ceux des îles Baléares et de Malte, composés de café, de sucre, de bois, de poissons secs, de beaux paniers faits de coquillages, d'oiseaux empaillés, de nattes de fibres de bois, et de divers spécimens d'impression et de gravure.

La Jamaïque a des bois de teinture, du sucre, du café, du rhum, de l'arrow-root, des minéraux, des fossiles, des photographies, des instruments de musique, etc.

La Guyane anglaise expose du sucre et cent-onze différents échantillons de bois et de fibres de différents arbres, par exemple, de palmier, de bananier, d'agave et autres, qui servent à la fabrication des cordages de toutes sortes, de la plus mince corde jusqu'au cable le plus fort d'un trois-mâts : des gommes, du quinquina, de l'amidon, des grains, du café, du cacao, du riz, etc. complètent cette exposition.

QUATRIÈME PARTIE

MACHINES

Il nous reste à examiner l'exposition des machines, placée dans la moitié ouest de l'annexe. Le visiteur sera obligé de revenir au milieu de l'annexe, où un vaste rond-point sépare la galerie que nous venons de parcourir de celle des machines. Ce rond-point est entouré de banquettes pour le repos des visiteurs. Au milieu, un grand bassin de fonte, exposé par Bechu fils, et alimenté par des jets d'eau qui montent de la Seine et s'élancent des corolles d'un immense bouquet de fleurs en bronze qui a été fabriqué par H. Leclère, de Paris. La perfection du travail et du coloriage laisse les visiteurs dans le doute sur la réalité de ces fleurs. Cet espace est encadré par quatre grues. Celle à droite de la porte qui donne sur le Cours-la-Reine est une grue de navire, en bois naturel ; celle qui lui fait pendant près de la même porte est une grue des ateliers de Cavé, qui peut soulever un poids de 6 tonnes, et entre ces deux grues on voit deux énormes blocs de pierre rouge des carrières belges. De l'autre côté est une immense machine qui soulève trente-six tonnes ou trente six mille kilogrammes. Le pendant est une grue de M. Verry, de Nantes, qui peut être mise en œuvre à bras d'hommes ou par la puissance hydraulique. Entre ces deux grues, se trouve un spécimen des fonderies du nouvel établissement de Wagiène et Ciray, auquel il faut joindre un énorme bloc de calamine où minerai de zinc, exposé par la fameuse Société de la Vieille-Montagne.

De là on pénètre directement dans la galerie, où nous examinerons les machines de chaque pays ensemble, quoique ce système nous forcera de revenir plusieurs fois sur nos pas.

FRANCE

Une superbe locomotive, construite d'après M. Engerth pour le chemin de fer de Lyon, occupe le travers. Cette machine, d'un système nouveau, présente une liaison complète entre les chaudières, la locomotive et le tender, le tout formant un poids de 60 tonnes, réparti sur trois essieux. Cette locomotive est apte à franchir des pentes de 3/00. A droite, le long de la cloison qui sépare la galerie du rond-point, est une locomotive à marchandises, de Cavé. Une pancarte inscrite dessus annonce que ces locomotives, construites au nombre de 12 d'après le système Crampton, ont parcouru 35,000 kilomètres sans avoir besoin d'une seule réparation, ce qui donne, dit le constructeur, 97 centimes de réparation par kilomètre. Au centre se trouvent deux locomotives de M. Polonceau, puis dans l'allée de droite, celle de MM. Blavier et Larpent, construite par MM. Gouin. Cette locomotive est remarquable par son immense système de roues à diamètre exagéré, et doit parcourir 60 lieues à l'heure à l'aide de ses roues couplées et de son troisième essieu placé excentriquement à l'avant.

En face se trouve une locomotive de 80 chevaux, construite pour un bateau à vapeur de l'Èbre (Espagne) par la C° du Creuzot ; à côté, un générateur de vapeur de la même C°. Viennent ensuite, au centre, une machine oscillante de Boyer, ce type des machines à vapeur si en vogue à la dernière exposition et que l'on commence à abandonner maintenant. On remarque ensuite une série de globes de métal trempant dans l'eau ; c'est un avertisseur magnétique pour les machines à vapeur, qui doit donner par un coup de siflet avis des excès de pression. Suit la machine qui a servi à frapper les médailles de l'exposition avec les spécimens vendus à côté ; puis une série de machines à chocolat, au milieu desquelles est une ingénieuse machine de Bonnet qui enveloppe les tablettes dans le papier de vente. Saint-Pierre (Calais) a exposé ensuite une belle machine à dentelles, — après laquelle on voit manœuvrer une machine à capsules du ministère de la guerre. Un peu plus loin, une machine qui fabrique 2,400 bouchons à l'heure, puis des machines à imprimer, une machine à enveloppes de Rabatié, de Paris, qui en fabrique 4,000 à l'heure ; et enfin une élégante presse dans laquelle l'encre vient se placer d'elle-même sur les rouleaux. Le long du mur on voit une scierie mécanique, et des tuiles. Au centre s'élève une grande machine locomotive de Flaud à 6 chevaux, pour les travaux agricoles. M. Mulot, qui a foré le puits de Grenelle, a exposé des appareils de sondage. Quand le visiteur compare la coupe de ce forage artésien, exécuté avec tant de bonheur et de succès, avec cette immense machine à quatre outils qui a servi à Epinay à un travail analogue, il est étonné par comparaison de la lourdeur et de la complication de ce système. Un bâtis élevé au milieu de l'annexe montre le moulin à friction mu par turbines, présenté par MM. Fromont, Fontaine et Brault, de Chartres. Ce système permet d'enrayer et de débrayer chaque meule séparément pendant la marche. Les vannes s'ouvrent symétriquement, et les fers de meules sont liés par des poulies en gutta-percha.

Ici le visiteur arrive aux machines en mouvement. Un arbre de couche d'une longueur immense, d'un diamètre de 8 centimètres seulement, supporté de distance en distance par des piliers en fonte, est armé de poulies sur lesquelles s'enroulent les courroies des machines, dont les unes donnent le mouvement tandis que les autres le reçoivent. Les chaudières qui fournissent la vapeur nécessaire aux machines sont placées en dehors de la galerie, du côté de la Seine. La vapeur arrive par des tuyaux placés sous le plancher et soigneusement enveloppés de feutre et d'étoffes de laine pour éviter le refroidissement et la condensation.

La première machine en mouvement est celle qui frappe, en présence du visiteur, les médailles commémoratives de l'Exposition, et qui sont vendues dans l'intérieur du Palais. A côté, des machines à mouler et peser le chocolat de M. Devink, et une autre qui enveloppe le chocolat, inventée par M. Daupley. Un très-beau métier à dentelles, mu par la vapeur, exposé par la fabrique de Saint-Pierre, une machine à fabriquer des capsules fulminantes, exposée par M. le ministre de la guerre, et une autre à fabriquer des bouchons, en produisant 2,400 à l'heure. Suivent les presses typographiques, parmi lesquelles nous citerons celle de M. Dutartre, qui peut tirer deux couleurs à la fois sur une même feuille ; une autre de l'invention de MM. Vaté, Huguet et Carlier, dans laquelle l'encrage et le mouillage de la pierre se font mécaniquement. Parmi de nombreuses presses à copier, à timbres, etc., nous citerons celle destinée au numérotage mécanique des papiers industriels, et celles destinées à l'impression et au contrôle des billets de chemin de fer, de M. Lecoq.

Parmi les machines et métiers à main droite, le long du mur nord, on remarquera une scie mécanique, et un grand appareil pour raffinerie de sucre. En continuant dans le centre, on voit les étaux-limeurs de M. Decoster, et une petite machine agricole à vapeur ; à droite, une scie mécanique, et au centre, des machines pour couper et rouler le métal. Suit une collection de machines destinées à peigner et à filer le lin, le chanvre, le coton et la laine, et à gauche des machines à tricoter. De l'autre côté, c'est-à-dire du côté de la Seine, nous voyons différents modèles de moulins à farine, et dans le centre, une des machines qui mettent l'arbre de couche en mouvement. Suivent des machines à tisser, des presses typographiques, une machine à boucher les bouteilles, et à côté, des appareils de raffinerie de sucre. La machine à nettoyer les bouteilles, de M. Jackson, que l'on trouve ici, nettoie 50,000 bouteilles par jour. A côté, un marteau de forge de grande dimension, termine l'exposition des machines françaises.

BELGIQUE

Après les machines françaises viennent celles de la *Belgique*. Le long du mur sont placés les appareils et machines de filature. Au milieu on voit la réduction au 18ᵉ d'un appareil qui fait descendre les ouvriers dans les mines et pour l'extraction du charbon; il est de M. Warocqué, à Mariemont. Plus loin se trouvent différents appareils de chemins de fer, ensuite une machine à timbrer pour le timbre de l'État, de M. Wynants, près Bruxelles, une droussette pour carder la laine, de M. Fairon, à Vervins. La société de Saint-Léonard, à Liége, a exposé une locomotive à six roues. A côté est un appareil pour échanger les dépêches sur les chemins de fer entre les convois de grande vitesse. Ensuite viennent les machines de la société John Cockerill à Séraing, savoir : une locomotive, système Engerth; essayée sur le chemin de fer du Nord, elle a traîné un convoi de 46 wagons, pesant 670 tonnes, avec une vitesse de 26 kilomètres à l'heure et sur des rampes jusqu'à 5 millimètres. On trouve à côté du même établissement un étambot avec gouvernail en fer forgé pour un des navires de 2,000 tonneaux en construction pour la Compagnie transatlantique d'Anvers ; l'étambot pèse 9,613 kilogr., l'arbre 6,129 kilogrammes.

En tournant à main gauche, nous voyons au milieu une locomotive de MM. Zaman, Sabatier et Cᵉ à Bruxelles ; des machines à composer et à distribuer, pour typographie, de M. Delcambre, à Bruxelles ; un serrepage pour imprimerie, de M. Mackintosh, à Bruxelles ; une presse portative pour lithographie et timbre, de M. Jeslein, à Bruxelles ; différentes machines de filature ; une machine à vapeur à cylindres oscillants, de M. Lestor-Stordeur ; un ventilateur pour l'aérage des mines, de M. Fabry à Charleroi. Du côté du mur, on remarque : une machine pour échardonner la laine, de M. Laoureux à Verviers ; des machines et appareils pour raffineries de sucre, et une machine motrice verticale de la force de 12 chevaux, de MM. Cail, Halot et Cᵉ, à Bruxelles ; des appareils pour distillerie de M. Cuyt et de M. Delattre, à Bruxelles.

AUTRICHE

Au milieu, une machine pour fabriquer du sucre, une presse lithographique à mécanique de M. Sigl à Vienne, et une locomotive des ateliers de la compagnie du chemin de fer de Vienne à Raab ; près du mur, on voit une locomotive de M. Günther à Wiener-Neustadt, et plusieurs voitures de luxe, entre autres la voiture de gala du bourguemestre de Vienne. Tournant à gauche, on remarquera au milieu une machine à triple effet pour filer la soie, de M. Morali, à Presezzo en Lombardie,

des machines de tissage de M. Bracegirdle, à Brunn ;
des pompes à feu de M. Schmidt, à Vienne. Du côté du
mur sont placés : une pompe à vapeur de M. Breitfeld,
à Prague ; une machine pour dévider, bobiner et dou-
bler la soie, de M. Padernello, à Sacile (Venise) ; un
modèle de wagon de chemin de fer de M. Salzmann, à
Gloggnitz ; un modèle de pompe aspirante, de M. Fu-
sina, à Pavie ; une presse à bras typographique, de
M. Bachrach, à Vienne ; des ponts à bascule, de
M. Schmidt, à Vienne ; un modèle de machine hydraulique de M. Tober, à Prague ; des formes pour raffineries
de sucre, de M. Schmidt, à Vienne.

PRUSSE ET ZOLLWEREIN

Voici les machines les plus remarquables de la Prusse
et du Zollverein, au milieu : une machine pour imprimer et numéroter les billets de chemin de fer, de
M. Bornholdt, à Elberfed ; une locomotive système
Crampton, de M. Borsig, à Berlin ; une locomotive de
M. Kessler, à Carlsruhe ; deux locomotives des ateliers
de machines à Esslingen (Wurtemberg) ; une balance à
ressort de M. Meggenhofen, à Stuttgart. Auprès du
mur sont placés des pompes de M. Hauschild, à Berlin ;
des manomètres de MM. Schaffer et Budenberg, à
Magdebourg ; une machine à vapeur à haute pression,
à expansion variable, de la force de 14 chevaux, et
des tondeuses de MM. Neumann et Esser, à Aix-la-
Chapelle ; un marteau à vapeur de M. Egells, à Berlin ;
une machine à vapeur de la force de 3 chevaux, de
M. Hofmann, à Breslau ; un tour pour tourner les cônes
et les surfaces planes, de M. Hamann, à Berlin ; un métier à la Jacquart perfectionné, de M. Bonardel, à
Berlin ; un modèle de locomotive pour plans inclinés
de M. Hock, à Stuttgart ; des pompes à incendie de

M. Bedmoé, à Aix-la-Chapelle. En tournant à gauche, on voit au milieu une presse mécanique pour imprimerie, de M. Reichenbach, à Augsbourg ; ensuite une machine à scier les pierres, un tour pour tourner les bandages de roues de wagon, et un tour à points, tous de M. Mannhardt, à Munich ; des machines pour lainer les draps, de M. Gessner, à Aue, en Saxe ; un métier mécanique et un banc à broches, en fin, de M. Hartmann, à Chemnitz ; une machine à battre le blé, de M. Kaemmerer, à Bromberg ; des tours de fer et une machine à raboter le fer, de M. Fulda, à Berlin ; une scierie mécanique, mue par la vapeur, de M. Schwartzkopf, à Berlin ; un appareil portatif de télégraphie, de M. Gehricke, à Berlin ; une machine à vapeur de M. Martini, à Elberfeld ; des machines pour la fabrication des draps, de M. Thomas, à Berlin ; une presse à bras pour imprimerie, de M. Sigl, à Berlin ; enfin, une locomotive à roues couplées, de M. Egestorff, à Hanovre. Dans le même compartiment, mais du côté du mur, on voit : une machine à mortaiser les rails, une machine pour fabrique de papier et un cheval mécanique pour les enfants, tous de M. Mannhardt, à Munich. Ensuite viennent plusieurs presses lithographiques, presses à copier, machines pour la reliure et le cartonnage, de MM. Hiem frères, à Offenbach ; une machine pour la fabrication des toiles peintes, de M. Hummel, à Berlin ; une pompe à vapeur à l'usage des mines et une machine à couper le papier, de M. Ruffer, à Breslau, et plusieurs machines pour filature, de M. Verken, à Aix-la-Chapelle.

GRANDE-BRETAGNE

En retournant pour continuer l'examen des machines, on arrive à la division anglaise. Les premiers objets qui s'y trouvent sont des métiers pour le tissage et la broderie, de toutes sortes, et principalement ceux de James Houldsworth (Manchester), John Crossley (Newton-Moor), James Hart (Coventry), William Wood (Pontefract), etc. Toujours au même côté, le visiteur s'arrêtera devant les petites machines pour fabriquer des cardes dont on se sert dans les filatures de coton, exposées par MM. Foxwell Crabtree, ensuite les machines pour la filature de coton, de MM. Dobson et Barlow, Platt frères, John Elce. On y voit le coton passer par toutes les phases, jusqu'à l'état de fil. A droite sont plusieurs modèles de voitures des fabricants britanniques, qui sont dignes d'une attention spéciale à cause de l'élégance de leur construction et du fini du travail. En quittant les machines de filature, le visiteur observera une petite machine pour graver les cylindres dont on se sert pour imprimer les tissus, exposée par MM. Cripps, ainsi que la machine pour l'imprimerie en taille douce. Tout près de celle-ci est une machine pour faire des briques, par M. J. Porter; une machine pour ventilation marchant sans bruit, construite par M. Loyd. Les machines-outils à tourner, à raboter, à forer, à percer, à rainer, à découper les roues, exposées par MM. Witworth et C° de Manchester, attireront l'attention du visiteur. Passant devant trois locomotives britanniques à main droite, il arrive aux machines-outils des fabriques de Leeds, un tour à raboter de MM. Shepherd, Hill, Spink, et une machine à raboter, de grande dimension, de MM. Smith Beacock et Lannett, cette dernière étant remarquable à cause du peu de force nécessaire pour la faire marcher. Enfin, toujours du côté de l'ouest et traversant le premier passage à gauche, on voit des machines venant du Canada, pour raboter et scier le bois, qui méritent l'attention du visiteur. Une table pour le sciage des tenons et à mortaiser, etc., est très-curieuse, à cause des ressources qu'elle offre. Tout près de là, sont plusieurs pièces très-intéressantes des métiers de la Grande-Bretagne. De l'autre côté, le long de l'eau, on trouve une machine pour couper et diviser les roues dentées en fer ou en bois, par MM. J. Buckton et C° de Leeds; une machine pour faire des rainnres d'une force et grandeur énormes, de MM. Harvey de Glasgow, un modèle des machines à vapeur du bateau le *Simla,* de MM. Tod et M'Gregor.

A main droite, sur les comptoirs, sont des modèles et pièces détachées de machines diverses. Après les machines de M. Withworth, le visiteur trouve au milieu, une petite machine à vapeur exposée par MM. Seaward et Capel de Londres; tout près d'elle à main gauche, la pompe centrifuge si célèbre d'Appold exposée par MM. Easton et Amos. Par la petite pompe à main du même système, que l'on voyait à Hyde-Park en 1851, un seul homme jetait 650 litres d'eau par minute. Une grande pompe pareille, à vapeur, serait capable de jeter environ 135,000 litres par minute.

MM. Dunn Hattersley et C°, de Manchester, exposent une machine hydraulique pour essayer les câbles d'une force de 100 jusqu'à 300,000 kilog. Cette machine excite un vif intérêt, et a spécialement intéressé LL. MM. l'Empereur, la reine d'Angleterre et le roi de Portugal. Cette machine, qui brise une forte poutre de bois comme nous brisons une allumette, est d'une construction très-simple qui garantit contre tout accident. Le cylindre hydraulique, les pompes et les soupapes se trouvent d'un bout de la colonne ou du tronc, et un écrou tournant reçoit à l'autre bout la chaîne et contient la tension pendant l'essai. Le levier indicateur et les poids sont attachés de la manière la plus simple et indiquent sur une échelle exactement la force employée.

A droite des machines de filature sont les machines

à coudre de M. W.-F. Thomas, de Londres ; une machine pour fabriquer l'eau de Seltz et autres, de M. Z. Tylor fils à Londres. Gooby et Chatwin, de Birmingham, exposent quelques beaux échantillons de filets, de vis, dés, etc., pour les tourneurs. Toujours à droite et près la fenêtre donnant sur la rivière, un beau modèle d'une locomotive, par M. Kennan de Dublin, et en bas sur le comptoir est un appareil pour nettoyer des tuyaux, de M. J. H. Smith, de Londres : plus loin, dans une alcôve, est une machine à vapeur d'un nouveau système par M. Siemens, construite par B. Hick et fils. Remarquons encore à gauche la grande machine à vapeur de M. W. Fairbairn, de Manchester : les machines ingénieuses pour le nettoyage du lin, par MM. Coombe et Cie, de Belfast, et les métiers à tisser les étoffes fines et grossières, par M. Parker et fils, de Dundee.

A droite, contre le mur, une scie mécanique à couper les montants et les moulures de portes, fenêtres et châssis, inventée par M. J. Birch, de Londres ; et une pompe à feu, de M. J. Tylor, de Londres. Viennent quelques machines du Canada parmi lesquelles on remarquera une table mécanique pour l'usage des menuisiers, et une machine à mouler. Il y a aussi un appareil pour forer des trous dans le sol, destinés à recevoir des barrières ou des poteaux pour les fils télégraphiques. Immédiatement après, une machine à vapeur agricole destinée à faire des sillons, ce qu'elle accomplit au moyen d'un assemblage de couteaux fixés à un cylindre mouvant.

ÉTATS-UNIS

Les machines des États-Unis viennent après. Un appareil pour couper les métaux ; un autre pour laver les chiffons; une machine à vapeur et une pompe (chronomètre), de MM. Toussley et Reed; une machine à faire les sacs de papier, de M. Moore, qui travaille devant le public; une machine à sculpter les bustes de marbre, de M. Blanchard, etc., seront remarqués. Plusieurs machines à coudre se trouvent à côté, à main droite.

PAYS-BAS, SUÈDE, DANEMARK

Après les machines d'Amérique viennent celles des Pays-Bas, de la Suède et du Danemark. On y remarque entre autres, au milieu, une machine à vapeur de la société l'*Atlas*, à Amsterdam, et, à droite, près du mur, une autre de M. Schutte, à Amsterdam. Tout au bout de la galerie, on voit une machine pour bateau à hélice, des ateliers de Motala, en Suède; et, à côté, un appareil pour cuire le sucre dans le vide, de M. Vlissengen, à Amsterdam.

FIN.

TABLE

Imp. Thierry f.ᵉ Paris

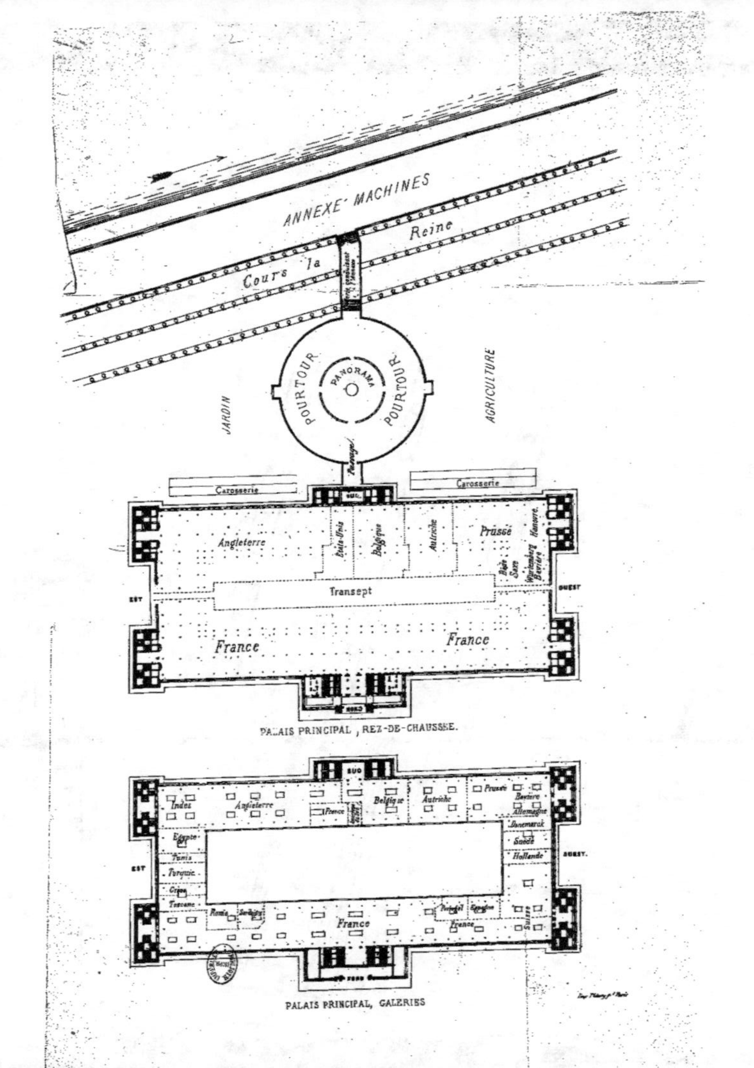

ANNEXE-MACHINES
Cours la Reine
JARDIN
POURTOUR
PANORAMA
POURTOUR
AGRICULTURE
Carosserie
Carosserie
SUD
Angleterre
États-Unis
Belgique
Autriche
Prusse
Hanovre
Bade
Saxe
Wurtemberg
Bavière
EST
Transept
OUEST
France
France
NORD
PALAIS PRINCIPAL, REZ-DE-CHAUSSÉE.
SUD
Indes
Angleterre
France
Belgique
Autriche
Prusse
Bavière
Allemagne
Égypte
Danemark
Tunis
Saxe
Turquie
Hollande
EST
OUEST
Grèce
Toscane
Rome
Serbie
France
Portugal
Égypte
Suisse
France
PALAIS PRINCIPAL, GALERIES